烧烤

原来这么简单

甘智荣　主编

中国纺织出版社

图书在版编目（CIP）数据

烧烤原来这么简单 / 甘智荣主编 . — 北京 ： 中
国纺织出版社，2019.2（2019.8重印）
ISBN 978-7-5180-5469-5

Ⅰ . ①烧… Ⅱ . ①甘… Ⅲ . ①烧烤－食谱　Ⅳ .
① TS972.129.2

中国版本图书馆 CIP 数据核字（2018）第 231690 号

摄影摄像：深圳市金版文化发展股份有限公司
图书统筹：深圳市金版文化发展股份有限公司

———————————————————————————————————

责任编辑：樊雅莉　　　　责任校对：寇晨晨　　　　　责任印制：王艳丽

———————————————————————————————————

中国纺织出版社出版发行
地址：北京市朝阳区百子湾东里 A407 号楼　　　邮政编码：100124
销售电话：010 － 67004422　　传真：010 － 87155801
http://www.c-textilep.com
E-mail: faxing@c-textilep.com
中国纺织出版社天猫旗舰店
官方微博 http://weibo.com/2119887771
深圳市雅佳图印刷有限公司印刷　　　　各地新华书店经销
2019 年 2 月第 1 版　2019 年 8 月第 2 次印刷
开本：710×1000　　　1 / 16　　印张：10.5
字数：86 千字　　　　定价：45.00 元

———————————————————————————————————

目录
Contents

Part 1
不可不知的烧烤常识

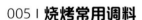

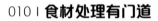

Part 2
人气烤肉，不可错过的饕餮盛宴

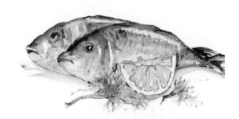

Part 3
蔬果菌菇，烤出别样美味

Part 4
创意烤串，串出幸福"时光"

Part 5
主食烧烤，元气味觉大满足

Part 1
不可不知的
烧烤常识

　　烧烤是最古老的烹饪方法，操作方便又美味可口，所以从有烧烤开始，就一直风靡全球。与此同时，烧烤的方法也经历了无数次的改良，这些改良使我们能够在烤架上烹制更多种类的原料。其中，调味、腌渍是做出好味道烧烤的关键，所以这节内容很关键，要仔细看哟！

必要的工具

您可能急于享受美味的烧烤盛宴，可是面对纷繁的烧烤器具却毫无头绪。不用再烦恼，就让咱们从准备基础的烧烤工具开始吧，跟着小编一起了解如何将它们运用得得心应手。

烧烤夹

烧烤炉

烧烤架

烤鱼夹

烧烤夹

烧烤夹既可以夹取食物，又可以用来翻转食物，还可以用来夹取烤炭，一举三得。

烧烤架

烧烤架是在野外烧烤最常用的烧烤工具，尺寸多样，可以根据自己的实际情况选择。一般烤架上层是烤网，下层放烧热的木炭进行烧烤。有些烤架还有密封盖子，可以进行熏烤。

烧烤炉

烧烤炉分为炭烤炉、电烤炉和气烤炉几种，其中电烤炉和气烤炉以无油烟、对产品无污染而备受欢迎，但最常用的还是炭烤炉，因其使用简单、价格便宜而备受大众喜爱。

烤鱼夹

烤鱼夹主要用于烤鱼，防止鱼肉黏附在烤网上，使烤出来的鱼能够保持完整，不会散架。使用后需要及时清洗干净且晾干，避免氧化生锈。

火枪　锡纸　剪刀　烤盘　保鲜膜　隔热手套

火枪

一种户外点火工具，一般木炭比较难点着，所以火枪是首选助燃工具，火力可以调节且稳定，非常方便实用。

剪刀

在烧烤的过程中，剪刀也是必不可少的工具之一，既可以剪碎易剪材料，又可以剪除食物被烧焦的部位，在装盘摆设时更加美观。

保鲜膜

保鲜膜是一种塑料包装制品，很多时候都会用到，特别是当天没吃完的食物在放入冰箱前需要铺一层保鲜膜，免受细菌污染。

锡纸

有些食物（如地瓜、金针菇等）必须用锡纸包着来烤，避免烤焦。另外，用锡纸包着来烤海鲜、金针菇等，可保留鲜味。

烤盘

烤盘可用于多种地方，是一种实用的烤制工具，既可放入烤箱使用，也可以放在烤架上盛装食材。

隔热手套

隔热手套是能够阻隔、防止各种形式的高温热度对手造成伤害的防护性手套。使用隔热手套来拿取烤盘，能防止手被烫伤。

毛刷

木炭

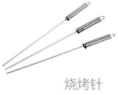
烧烤针

烤箱

木签 / 竹签

毛刷

毛刷主要用来在烤网上刷油，以防止食物粘在烤网上。另外，毛刷还可用来蘸取酱汁，刷在烤肉等食物上，好让它们的味道更香浓。建议多准备几支毛刷，这样可避免烤制多种食物时互相串味。

烧烤针

烧烤针是最常用的烧烤配套工具，可以很方便地将食物叉起来并烤制。

烤箱

如果说烧烤炉占据了户外烧烤的半壁江山，那么烤箱无疑是室内烧烤的制胜法宝。烤箱不仅可以用来制作面包、蛋糕、饼干等，用烤箱烤畜肉、禽肉也是很美味的。

木炭

市面上常见的炭分为易燃炭、木炭、机制炭三种。易燃炭在户外用品商店有售，有方形和饼形两种，表面有一层易燃层，比普通木炭更容易引燃，但价格比较贵。普通木炭相对来说比较便宜，可是条块大小不一，烧烤时火力不均，且燃烧时间短。

木签 / 竹签

木签/竹签主要用于穿烧烤食物。使用前先用冷水浸泡透，以免过于干燥，在烧烤时着火或断裂。在选购时，可选择稍长一些的签，以免接触时烫伤手。

烧烤常用调料

想要做出美味鲜嫩的烧烤，就要搭配好烧烤调料。这样不仅能去除原料的腥味，还能增加成品的口感和香味。例如，孜然能去牛羊肉腥膻，蜂蜜能调味、保湿及上色。

盐 ▶

所有调味品中最重要的就是盐，烧烤调味自然也离不开盐。盐是人类生存最重要的物质之一，也是烹饪中最常用的调味料。

生抽 ▶

让烧烤保持鲜香，当然离不开生抽。生抽是酱油的一种，是以大豆、面粉为主要原料，人工接入种曲，经天然露晒发酵而成的。它可用于烧烤中，作为腌渍食物的调料。

食用油 ▶

食用油指在制作食品过程中使用的动物或植物油脂，其中花生油最常见。烧烤食物时用食用油可使食物不易被烧焦，能帮助菜品快速、均匀地受热。

◀ 蜂蜜

蜂蜜主要成分有葡萄糖、果糖、氨基酸，还有各种维生素和矿物质，是一种天然健康的食品。蜂蜜被烤化后会留在所烤的食物上，这样烤出来的食物色泽诱人。

◀ 茴香

茴香是常用的调料，是烧烤肉类和制作卤制食品的必用之品，在烧烤中具有举足轻重的地位。它能去除肉中的腥臭气，使之添香。

◀ 辣椒油

辣椒油是一种调料，其制作方法相当讲究，一般是将辣椒和各种配料晾干后和老姜皮、辣椒粉一起用植物油煎熬后制得，香味扑鼻。

烧烤粉 ▶

烧烤粉属于复合型调味品，可直接添加使用。烤制出的产品有自然的烧烤色泽，闻起来有淡淡的孜然香气以及诱人的咸香。产品口味咸、鲜、香，有柔和的孜然清香，深受广大消费者的青睐。

咖喱粉 ▶

咖喱粉是由多种香辛料混合调制而成的复合调味品。主要材料有红辣椒、姜、丁香、肉桂、茴香、小茴香、肉豆蔻、芫荽子、芥末、鼠尾草、黑胡椒等，制作方法最早源于印度。

烧烤汁 ▶

烧烤汁是一种新型复合调味品，呈黑褐色，味咸鲜香浓。烧烤汁是以多种天然香辛料的浸提液为基料，加多种辅料调配而成，具有咸、甜、鲜、香、熏味。

莳萝草 ▶

莳萝草是来自西方的"幸运植物"，用作香辛料，有着比茴香更为浓烈的辛香味。多用于腌渍鱼、肉类，或直接制成酱料。烧烤时使用莳萝草可以让烤出来的食物更加诱人。

辣椒粉 ▶

辣椒粉是红色或红黄色的粉末，油润且均匀，是由红辣椒、黄辣椒、辣椒籽及部分辣椒杆碾细而成的混合物，闻起来刺鼻，具有辣椒固有的香味。

胡椒粉 ▶

胡椒粉亦称古月粉，是一种名为胡椒树的果实碾压而成，分黑、白两种。白胡椒粉为成熟的果实制成，气味较浓；黑胡椒粉是未成熟而晒干的果实制成，气味较淡。

孜然粉 ▶

孜然粉主要由安息茴香与八角、桂皮等香料一起调配磨制而成。用孜然烤牛、羊肉可以祛腥解腻，并能令其肉质更加鲜美芳香，增加人的食欲。

◀ 芝麻

芝麻被称为"八谷之冠"，是一种油料作物，榨取的油称为麻油、胡麻油、香油，特点是气味醇香，生用熟用皆可。

经典蘸酱的制作

沙爹酱

【材料】花生粉20克，柠檬汁15毫升，白糖、辣椒酱各适量

【做法】将所有用料加冷开水混合均匀即可。

蜂蜜芥末酱

【材料】戎籽芥末酱15克，蜂蜜8克，融化黄油适量

【做法】材料全部装入碗中，充分搅拌均匀即可。

蒜蓉剁椒酱

【材料】剁椒40克，大蒜60克，葱花、盐各适量，食用油适量，芝麻油适量

【做法】1.大蒜去皮切碎，装入碗中，再将剁椒放入大蒜内。

2.热锅注入食用油、芝麻油烧热，将热油浇入大蒜内，放入盐、葱花，充分拌匀即可。

辣椒酱

【材料】朝天椒100克，甜面酱20克，盐、白糖、食用油各适量

【做法】1.朝天椒去蒂后洗净，沥干水分，剁碎。

2.热锅注入食用油，加入剁碎的辣椒，不停地拌炒，加入食盐和白糖，炒至无水分。

3.加入甜面酱，炒匀后熬制5分钟即可。

泰式酸辣酱

【材料】朝天椒7个，柠檬汁30克，白醋80毫升，白砂糖80克，水150毫升，水淀粉10毫升

【做法】1.将柠檬汁、白醋、白砂糖、水倒入搅拌机。

2.加入去蒂的朝天椒，打磨成汁。

3.将打好的汁倒入锅中，小火加热，保持沸腾状态并不断搅拌，让水分慢慢蒸发。

4.待锅中汤汁蒸发到约为原体积1/3时，倒入水淀粉调匀勾芡。

海鲜酱

【材料】虾肉、白芝麻、红椒、辣椒粉各适量，白砂糖8克，鱼露6克，蒜、酸豆汁、柠檬汁、虾酱、辣味酱各适量

【做法】1.虾肉切末；红椒切圈。

2.取玻璃碗，倒入所有原料与调料，混合均匀即可。

照烧酱汁

【材料】蜂蜜10克，生抽20毫升，料酒15毫升，苹果泥少许，白砂糖8克

【做法】1.锅中注入少许清水，倒入生抽、料酒、白砂糖，加热煮沸。

2.倒入蜂蜜、苹果泥，继续煮10分钟，将照烧汁滤出即可。

柠檬串烤酱料

【材料】朝天椒、九层塔各12克，姜10克，香菜15克，蒜头10克，柠檬汁20毫升，鱼露25克，白砂糖8克

【做法】1.朝天椒、九层塔洗净切碎；姜、香菜、蒜头洗净切末。

2.将所有用料混匀即可。

食材处理有门道

一顿美味的烧烤少不了健康营养的食材，正确的清洗方式能保证食材的卫生，食材的刀工处理及正确的腌渍方式能让食材更加入味。

鸡翅

鸡翅属于要前期腌渍的食材，腌渍时不要加盐，以免烤制后变干变柴。腌渍前需要做一些刀工处理：一种是两面划上刀痕，腌渍时会更入味；一种是将鸡翅两端软骨剪去，用手将两根鸡骨头抽出来，再进行腌渍。

猪肉串

一般会选择五花肉或里脊肉进行制作。五花肉要剔去难以烤熟的猪皮后片成薄片，单纯地卷起来或者里面包裹蔬菜后再进行烤制；而里脊肉切片或切丁，直接腌渍后串起来烤制就非常美味。

鸡肉串

鸡肉串一般选择用鸡腿肉制作，而且保留鸡皮一起烤制，鸡皮中的油脂经过加热后会浸入与鸡肉一起搭配的其他食材中，增加肉串的风味。

鱼类

烤鱼要入味一般都是需要提前腌渍的，在烤制时再刷调味酱汁。若不提前腌渍也可在鱼身上切花刀，这样烤的时候也容易入味。

贝类

小型贝类一般会用锡纸包着进行烤制，或者直接将新鲜的贝类放在烤架上烤制，但是带子或大型的海贝，会将贝壳撬开，去除掉内脏。大型海贝的贝柱都较厚，去除内脏后将贝柱对半切开后再进行加热，这样会让贝肉更容易受热。

肉丸串

这里的肉丸不是特指某种肉，而是混合肉丸，可用牛肉混合猪肥肉糜一起，或是羊肉或猪肥肉糜一起，再加入洋葱，还有少许调味料，一起将肉末搅拌上劲，再制作成肉丸。不管是什么方式的烤法，肉丸都鲜美多汁，风味独特。

混合食材串

一般在制作时都会选择肉类与蔬菜一起搭配，或者海鲜与水果搭配，这样混合搭配可以在营养摄入上更均衡，还能将肉类的美味与海鲜的鲜甜相互结合，是时下热门的烧烤种类。

常用的烧烤方法及注意事项

> 烤炉烤和烤箱烤是人们常用的烧烤方法。烤炉和烤箱只差一个字，却是不同的两种烹饪器具，功能也是不同的。

1 常用的烧烤方法

烤箱烤

电烤箱是利用电热元件所发出的辐射热来烘烤食品的电热器具。在烤箱里面360度循环加热，利用它我们可以制作烤肉类、蔬菜及烘烤面包、糕点等。根据烘烤食品的不同需要，电烤箱的温度可以调节，在家里操作方便，且没有明火烤制产生的油烟，非常适合家庭使用。

烤炉烤

烤炉采用直接烧烤的方式，是较为正统的烧烤方式。烤炉烧烤，油烟较多，不过也因此，烧烤出的食物具有较为纯正的烧烤味道。烤炉在炉面烧烤，具有传统烧烤的乐趣，属性偏重于休闲娱乐用具。

2 如何正确使用烤箱

烤箱正确放置　　　烤箱应放置在平稳隔热的水平桌面上。烤箱的四周要预留足够的空间，保证烤箱距离四周的物品至少有10厘米远。烤箱的顶部不能放置任何物品，以免其在运作过程中产生不良影响。

烤温　准确控制

在烘烤食物时，要注意准确控制烤箱的温度，以免影响成品效果。以烘烤蛋糕为例：一般情况下，蛋糕的体积越大，烘焙所需的温度越低，烘焙所需的时间越长。相信只要多加练习，您一定能掌控好烤箱的温度。

勿烫伤　注意隔热

放入或取出烤盘中的食物时，一定要使用工具或是隔热手套，切勿用手直接触碰烤盘或烤制好的食物，以免烫伤。此外，开关烤箱门时也要格外小心，烤箱的外壳及玻璃门也很烫，注意别被烫伤。

3 如何正确使用烧烤炉

烧烤前先生火

使用之前先将烧烤炉清理干净，接着将烧烤炉摆放平整、稳固，然后加入备好的木炭点燃。待木炭充分燃烧后，再用火钳将木炭刨开，铺成厚度为2厘米左右的火层，这样可以使木炭与空气接触面积更大，保证烧烤的质量。

烤网上刷一层食用油

在烧烤食物前，先将烤网上刷一层油，以免食物粘在烤网上，当然也可以先烤一些肥肉多的食材，用食材的油脂代替食用油。另外，刷食用油时需要注意随时用铁刷刷掉烤网上的残渣，保持烤网清洁，才不会影响食物的风味。

生火后放烤网

木炭开始燃烧，伴随有少量黑烟，此时可以放上烤网。但是放上烤网之后，并不代表立刻就能烧烤食物，还得等10～15分钟，木炭的明火逐渐减小或消失，木炭表面出现白色灰状物，表明已达到理想的烧烤温度。将木炭均匀摊开，将手置于烤网上方，如果感觉到带点炙热感，就可以开始烧烤了。

将食物放在烤网上

准备工作都做好之后，就可以烧烤食物了，将食物均匀地摆放在烤网上，尽量使其受热均匀。在烧烤的过程中，可以翻面使食物各部位都受热均匀。

把握烤制时间

烧烤要特别注意烤制时间，避免烤得太过或烤得半生不熟。烤制时间的长短应根据烧烤的食材品种和火候大小而定，只有这样，才能使烤出来的食物更美味可口。

蔬菜类食材可以直接放在烤网上面，均匀地刷上一层食用油，再撒入适量调料，翻动着烤制，时间不宜太久，烤熟即可；凡是肉扒、排骨之类的食材，一般烤制时间要5～15分钟不等，应该两面都刷上食用油烧烤，并适时翻面烧烤，以确保食物各部位都烤制熟透。

让烧烤美味加分的技巧

要想烧烤好看又好吃，首先必须从源头抓起。想要烤出美味的烧烤也是一件技术活，学会下面这些小技巧，可以让烧烤更好吃。

1 烧烤巧用盐

烧烤时，盐除了用来调味，还有其他的作用。比如在烤肉过程中，许多含脂肪多的食物加热后会滴油，这些油滴被炭火烧着会产生很高的火焰，可能烤焦网架上的食物，也容易把食物烤黑。如果用水喷洒，会产生烟灰污染食物，这时只要在火中撒些盐就可扑灭火焰。

2 根据食材调整火候

火候是烧烤成败的关键因素。烧烤时要特别注意掌握火候，既不能太旺，以免把肉烤焦；也不能只剩火苗，这样会使肉烤不熟。比较好的方法是，一边准备木炭，一边进行烧烤，在炉子的一边烧木炭，在木炭烧着的另一边烤肉。如果火势较弱，可以随时添加燃烧好的木炭，可以说是一举两得。

3 擅用锡纸烤肉

一些肉类食物，烧烤所需要的火候比较特殊，这时可以尝试将食物用锡纸包裹后再烤。比如，鱼肉中通常含有很多水分，如果整条鱼进行烤制，即使是不大的鱼，也不会很快烤熟，同时在鱼身较薄的部分，如靠近尾巴的地方，不管是长时间烤或者直接放在火的上方来烤，都容易烤焦。要解决这个问题，可以把这些容易烤焦的部位用锡纸包起来，使水分不被烤干，这样自然就不会烤焦，保持鱼的原汁原味。

4 巧用烤架，烤出菱形痕迹

地道的菱形烤痕绝对可以使烧烤技术锦上添花，烤出菱形烤痕并不困难。首先要求炭火温度要够高，然后将食物以30°斜角放在烤架上，当食物充分受热后将食物转至反方向30°斜角，就可以形成菱形烤痕了。

5 烤蔬菜，有方法

烧烤时如果一直烤肉会让人觉得腻，此时不妨烤一些蔬菜来平衡营养。烤蔬菜要讲究温度和技巧，对于柔软且水分多的蔬菜，可以直接放在炭火上烤，像青红甜椒、洋葱等；如果是组织紧致且淀粉含量高的蔬菜，比如土豆、茄子等，则要将其放在烤炉中间，用远火传过来的温度将之烤熟。当然，无论是将蔬菜直接放在炭火上烤还是离炭火远一些进行间接烧烤，若能在蔬菜上刷上一层橄榄油，则会让蔬菜更加可口与美观。

健康地吃烧烤

烧烤虽然好吃，但是也要讲究健康地吃。如何健康地吃烧烤呢？一般来说，健康的烧烤讲究食物的荤素搭配，这样可以均衡身体所需营养，同时减轻肠胃负担。下面就跟着小编一起看看应该如何健康吃烧烤吧。

1 选择新鲜食材味道更佳

食材的选择可根据各自的口味和喜好，一般来讲适合烧烤的食品有肉类、海鲜、蔬菜瓜果和面食、豆制品等几大类。肉类食品是烧烤的主力军，可以选择的有羊肉串、羊腰串、牛肉串、鸡翅、鸡柳、鸡胗等。需注意的是肉类食品易变质，一定要选择新鲜的，建议去超市购买腌渍好的成包肉串，购买时要检查保质期。

若是对肉串的口味有挑剔的要求，也可以自己制作。制作时注意最好不要选择冷冻肉，肉块不要切太大，也不可太碎。用盐、味精、姜汁、洋葱汁等调料腌渍，用竹签穿好。

烧烤鱼和海鲜可以选择的有活鱼、鲜鱿鱼、墨鱼仔、活虾、鲜贝串等，选择时特别要注意"鲜活"两字。活鱼要先去鳞，去内脏，洗净，用盐、酒腌渍；鲜鱿鱼和墨鱼仔若直接放在火上烤会卷曲，可以用竹签或牙签先将其固定。若想图省事，还可像买肉串那样去超市买加工好的虾串、鲜贝串等半成品。

2 烤肉配绿茶或新鲜蔬果汁更合适

很多人习惯烤肉配可乐，觉得这样才够劲，其实大量的肉配上可乐，会让身体的酸度太高，如果经常这样吃，很容易让骨质流失。在大家吃烤肉时，不妨试着改喝绿茶或是新鲜蔬果汁，不但可以增加机体的抗氧化能力，也能平衡一下吃太多肉造成的过酸性体质。

3 刚烤好的食物不要急于下嘴

很多吃烧烤的人，都是这么吃的——刚烤好的食物一端上桌，三下五除二就把它们吃完了。其实这样真的非常不好，因为吃过烫的食物会伤到我们的食管、喉咙，长期如此，非常容易引发食管癌、喉癌。吃慢一点是对自己的健康负责。

4 食材搭配多样化

烧烤并非只能选择肉类，其实，粮谷类（如馒头）和蔬菜（如韭菜、青椒）烤起来同样也风味十足。烤肉最好与新鲜的蔬果一起吃。新鲜的绿叶蔬菜如生菜、空心菜以及西红柿、白萝卜、青椒和水果，如苹果、奇异果、柠檬等，都含有大量的维生素C、维生素E。其中，丰富的维生素C可减少致癌物亚硝胺的产生；而维生素E具有很强的抗氧化作用。这种科学的搭配，能减少吃烤肉带来的弊病。总之，虽然烧烤可能影响健康，但也不要"闻烤色变"，只要掌握适当的方法，我们就可以健康享受烧烤的美味。

5 烤前食物需提前腌渍

在烧烤前，将待烤的食物用大量的葱、姜、蒜进行腌渍。因为致癌物质杂环胺的产生需要自由基的参与，而腌渍肉类食物时加入葱、姜、蒜则会减少自由基的产生，进而减少烤肉时杂环胺的产生。比如烤牛肉时，用些粗盐和葱、姜、蒜腌渍片刻，不仅可以保证健康，还能让肉类从里到外都更富有滋味。但是注意腌渍的时间不能过长，尤其是海鲜类的食物，不然就会影响食物原本的味道。

6 生熟食器具需分开

生的食物是未经高温消毒处理的，上面的细菌比较多。烤肉时，生熟食所用的碗盘、筷子等器具要分开，这样可以避免生熟碗盘混用而导致交叉感染、吃坏肚子的问题。解决办法是准备两套餐具，以避免熟食受到污染。

7 烤得太焦不健康

烧烤不宜烤得太焦太糊，烧焦的食物除了影响身体健康，也含有致癌物。肉类油脂滴到炭火时，产生的多环芳烃会随烟挥发附着在食物上，也是很强的致癌物。

Part 2

人气烤肉，不可错过的饕餮盛宴

对于一些吃货来说，世间万物，唯有美食不可辜负。美食也有口味之分，有人偏爱鸡翅，有人独吃羊腿，不管怎样都绕不过荤菜的"大坑"。肉类经烧烤后，可制成多种多样的美味佳肴，富有浓郁的香味和鲜美的味道，可以大大提高食欲。

烤猪肉片

诱人的色泽，快捷的做法，香嫩的味觉体验，在现代快节奏与高品质的生活中，此款美味重重满足你的需求！

份　　量：（3人份）

烧烤时间：10分钟

[原料]

猪排肉400克，葱末10克，蒜末8克

[调料]

姜汁8毫升，清酒20毫升，生抽5毫升，辣椒酱15克，辣椒粉10克，白砂糖15克，胡椒粉2克，芝麻油20毫升，食用油10毫升

[做法]

1 猪排肉切成大片装入碗中，先放入姜汁、清酒、蒜末、葱末、芝麻油。

2 再放入白砂糖、胡椒粉、辣椒粉、辣椒酱，将食材搅拌均匀，腌渍10分钟入味。

3 备好的烤架加热，用刷子均匀抹上食用油，待用。

4 将腌渍好的烤肉串好，放在烤架上。在烤肉上用刷子刷上食用油、生抽，中火烤3分钟翻面，续烤3分钟左右，至肉片熟即可。

[Tips]

猪肉片要切得大一点，用调料腌渍后烤，口感会更好。

香烤五花肉

美味的烤五花肉，有了黑胡椒的助阵，吃起来就是不一样，酸辣、清香、油而不腻。

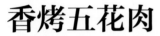

份　　量：（1人份）

烧烤时间：8分钟

[原料]

猪肉200克，蜂蜜15克

[调料]

橄榄油8毫升，盐3克，鸡粉5克，黑胡椒适量

[做法]

1 将洗净的猪肉去皮、切厚片，加适量盐、黑胡椒、鸡粉、橄榄油、蜂蜜拌匀，腌渍30分钟，至其入味，备用。

2 将腌好的猪肉放在烧烤架上，用中火烤3分钟至变色。

3 翻面，刷上少许蜂蜜，用中火烤3分钟至上色。

4 再翻面，用中火烤半分钟至熟即可。

[Tips]

烤制时油脂滴在烧着的木炭上容易引起明火，这时撒上少许盐即可解决。

蜜汁烤猪颈肉

猪颈肉的肉脂如雪花般均匀分布，涂上蜂蜜让肉质更加鲜嫩，入喉爽口滑顺，口感适中。

份　　量：（2人份）

烧烤时间：15分钟

[原料]

猪颈肉300克，生姜末15克

[调料]

蜂蜜30克，盐适量

[做法]

1 处理好的猪颈肉切成厚薄一致的薄片。

2 将肉片装入碗中，加入姜末、蜂蜜，充分拌匀后腌渍1小时。

3 腌好的肉片铺在烤架上，以中火慢慢烘烤去除多余油分，再取蜂蜜均匀地刷在肉片上。

4 将肉片翻面，撒上适量的盐，继续慢慢烤制，将其烤制入味，再加碳以大火将肉表面烤脆即可。

美味搭配

莫吉托：薄荷与青柠檬的清凉、酸酸甜甜的口味，开胃又解腻。

蒜香烤猪颈肉

吃一口，甜蜜中带着一丝特别的香气，别有一番
滋味。

份　　量：（2人份）

烧烤时间：20分钟

[原料]

猪颈肉250克，蒜末
35克

[调料]

柠檬片2片，盐、料酒
各适量

[做法]

1 处理好的猪颈肉切厚片，待用；用料酒、蒜
末将猪肉片抹匀，盖上保鲜膜，放入冰箱冷
藏半小时。

2 将肉片放在烤架上。

3 盖上备好的柠檬片，大火烤制，烤出油脂后
将其翻面。

4 撒上盐，将两面烤至金黄色熟透即可。

青柠草莓饮：草莓和青柠的香
味充分溶解入水中，喝一口生
津止渴。

蜜汁烤带骨猪扒

对酱红色的肉类没有抵御力的人，只要闻到咸香中微带点甜味的烤肉，就会食指大动！

份　　量：（2人份）

烧烤时间：15分钟

[原料]

带骨猪扒300克

[调料]

蜂蜜20克，蒙特利调料10克，烧烤汁、孜然粉、辣椒粉、食用油各适量

[做法]

1 用刀背轻拍几下猪扒使肉质松散，再平铺在盘中。

2 猪扒两面均匀地撒上蒙特利调料、孜然粉、辣椒粉，再均匀抹上蜂蜜、烧烤汁，腌渍30分钟。

3 烧烤架上刷上食用油，放上猪扒，两面各用中火烤约5分钟至变色。把猪扒翻面，刷适量食用油，烤约5分钟。

4 再次翻面，刷上烧烤汁、蜂蜜、食用油，烤约1分钟至熟，将烤好的猪扒装盘即可。

美味搭配

雷司令：酒中稍带酸味，适合搭配比较油腻的菜式。

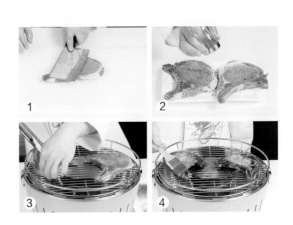

果香嫩烤猪扒

浪漫的夜晚吃什么呢？猪扒怎么样？
再来一杯甜甜的红葡萄酒和你的TA享
受烛光晚餐吧。

份　　量：（2 人份）

烧烤时间：10分钟

[原料]

菠萝50克，木瓜100
克，猪排肉200克，柠
檬汁、辣椒粉各适量

[调料]

盐、食用油各适量

[做法]

1 处理好的猪排肉切厚片，菠萝、木瓜均切成
小块。

2 水果倒入搅碎机内，加入辣椒粉、盐、柠檬
汁，将其搅碎制成腌料后倒入碗中，再将猪
排肉完全浸入，放入冰箱冷藏腌一晚上。

3 腌渍好的猪排肉取出清洗干净，放入注油的
煎锅内，以大火煎至上色。

4 将整个煎锅放入预热好的烤箱内，以上下火
150℃烤制4分钟即可。

[Tips]

腌料的味道可以根据自己喜好加入不同的香料。

蒜香烤猪肝

猪肝片和蒜的搭配，整体口感即可达到美味巅峰，且味道一点也不呛口，反而香甜浓稠，滋味绝对让你惊喜！

份　　量：（2人份）

烧烤时间：5分钟

[原料]

猪肝180克，蒜末少许

[调料]

牛奶200毫升，葱花、盐各适量

[做法]

1 猪肝洗净，浸泡在牛奶中10分钟，去除多余的腥味。

2 将猪肝捞出洗净后装入碗中，加入蒜末，拌匀腌渍一会。

3 猪肝铺在烤架上，烤至猪肝片四周转色。

4 将猪肝翻面，撒上盐继续烤制2分钟后装入盘中，撒上葱花即可。

[Tips]

喜欢盐味的可蘸海盐食用，喜欢酸甜口味的可以蘸泰式辣椒酱食用。

烤牛肉串

正宗的烤牛肉串色泽焦黄油亮，味道微辣中带着鲜香，不腻不膻，肉嫩可口。

份　　量：（2人份）

烧烤时间：8分钟

[原料]

牛肉丁400克

[调料]

烧烤粉5克，盐3克，辣椒油、芝麻油各8毫升，生抽5毫升，辣椒粉10克，孜然粒、孜然粉各适量

[做法]

1 将牛肉切成丁装入碗中，加盐、烧烤粉、生抽、辣椒粉、孜然粉、辣椒油、芝麻油拌匀，腌渍60分钟，至其入味，备用。

2 用烧烤针将腌好的牛肉丁串成串，备用。

3 将牛肉串放到烧烤架上，用大火烤2分钟至变色，翻面，撒上适量孜然粉、辣椒粉，用大火烤2分钟至变色。

4 将牛肉串翻面，撒上孜然粉、辣椒粉、孜然粒，再次翻转牛肉串，撒上孜然粒，烤约1分钟至熟即可。

美味搭配

大麦茶：一杯醇香的大麦茶，不仅能让你感受来自麦田的美好时光，还能解腻护胃。

沙爹牛肉串

腌好的牛肉串成串以适度的火候炭烤后，最重要的就是要蘸一层厚厚的沙爹酱一起入口，吃了肯定令人眷恋不已。

份　　量：（1人份）

烧烤时间：8分钟

[原料]

牛肉200克，生菜叶、白芝麻各适量

[调料]

沙爹酱5克，孜然粉2克，辣椒粉2克，柱候酱2克，海鲜酱2克，排骨酱2克，生抽、芝麻油各少许，食用油适量

[做法]

1 牛肉用平刀切成薄片，装入碗中，加入沙爹酱、柱候酱、海鲜酱、排骨酱、生抽。

2 再加入辣椒粉、孜然粉、白芝麻、芝麻油、食用油，腌渍约30分钟，用烧烤针将牛肉穿成波浪形。

3 在烧烤架上放上牛肉串，烤2分钟。

4 将牛肉串翻面烤熟，两面撒上白芝麻，放入铺有生菜叶的盘中。

美味搭配

菠萝柠檬汁：味道酸甜，富含柠檬酸，解腻佳饮。

蒜香牛肉串

蒜香牛肉串是每个夏天的灵魂美食，这个夏天，
你触及到灵魂了么？

份　　量：（1人份）
烧烤时间：8分钟

[原料]

牛肉150克，蒜末少许

[调料]

葱少许，盐、辣椒粉、
食用油、孜然粉各适量

[做法]

1　牛肉洗净切成薄片，装入碗中，用蒜末、
　　盐、食用油将牛肉片抹匀。

2　腌渍片刻，用竹签串起腌好的牛肉片。

3　将牛肉串放在烤架上，中火烤制。

4　烤至转色后翻面，刷上一层食用油，撒上
　　盐、辣椒粉、孜然粉，烤制入味后装盘，撒
　　上葱花即可。

美味搭配

决明菊楂茶：决明子和菊花清
热解毒，配上山楂的酸甜，解
腻的同时也护肝。

盐烤牛舌

盐烤不会带出牛舌的油脂，但是却能让美味保鲜。细细切割，香酥可口、鲜香多汁的牛舌摆在面前，让人垂涎欲滴。

份　　量：（1人份）

烧烤时间：10分钟

[原料]

牛舌50克

[调料]

海盐、黑胡椒碎、柠檬各少许

[做法]

1 洗净的牛舌切成厚片串好，每片牛舌上单面撒上海盐、黑胡椒碎。

2 碳炉里装入点燃的木炭将烤网烧热，将没撒调味料的一面牛舌，朝下摆入烤网。

3 烤至牛舌四周变色，挤上柠檬汁。

4 将牛舌翻面，续烤至变色即可。

美味搭配

凉拌马蹄：美味的盐烤牛舌，搭配清甜脆口的马蹄，不仅使味蕾得到平衡，还能清热解毒。

香蒜烤厚切牛舌

想着都留口水的美味，最喜欢的就是它的质感，
嫩中带有一丝的韧性。

份　　量：（1人份）

烧烤时间：7分钟

[原料]

牛舌180克，蒜瓣适量

[调料]

柠檬汁、盐、食用油各
适量

[做法]

1 蒜瓣切成片，放入烤盘，淋上食用油，进烤
箱以上下火180℃烤至金黄；牛舌洗净，切
厚片，再打上网格花刀。

2 将牛舌放在烤架上。

3 两面撒上盐、柠檬汁，单面烤1分钟。

4 翻面继续烤，烤至表面呈焦糖色，装入盘
子，撒上蒜片即可。

美味
搭配

番茄汁：酸甜多汁，清爽
解腻。

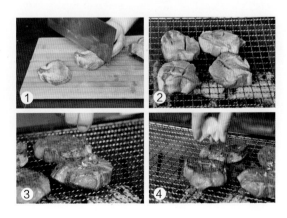

蒙古烤羊腿

新鲜出炉的羊腿热气腾腾，肉很酥脆，切片或者豪迈地啃，孜然和羊肉味从唇齿间溢出，让人回味无穷。

份　　量：（3 人份）
烧烤时间：30分钟

[原料]

羊腿1只

[调料]

花椒10克，桂皮4克，陈皮3克，八角、草豆蔻、砂仁、草果各2克，姜片少许，葱段、食用油、盐、生抽、料酒、蜂蜜、孜然粉、辣椒粉、干迷迭香各适量

[做法]

1 将羊腿表面的脏物用刀刮净，再用温水洗净；将花椒、桂皮、陈皮、八角、草豆蔻、砂仁、草果、姜片、葱段放入隔渣袋中。

2 羊腿放入锅中，倒入适量水至浸过羊腿，再将隔渣袋放入，盖上锅盖大火煮开后加入适量料酒、盐、生抽，然后转小火续煮2小时。

3 等羊腿晾凉后取出，抹上盐、干迷迭香、孜然粉，腌渍1小时左右；羊腿取出，切花刀后抹盐、孜然粉、辣椒粉，烤架上刷一层油。

4 在烧烤架上烤，烤制期间不时翻动换面并刷上油，大火烤约30分钟，离火前刷上一层蜂蜜再稍烤一下即可。

美味搭配

烧酒：蒙古的烤羊腿，配上浓烈的烧酒，一碗豪情在胸口！

咖喱鸡肉串

超棒的弹性，超赞的口感，配上完美咖喱，一串泰国风味的鸡肉串就诞生了！

份　　量：（2 人份）

烧烤时间：7分钟

[原料]

鸡腿300克

[调料]

盐3克，咖喱粉15克，辣椒粉、鸡粉各5克，花生酱10克，食用油适量

[做法]

1 洗净的鸡腿去骨和皮，再切成小块。

2 装入碗中，撒入适量的盐、鸡粉、辣椒粉、咖喱粉，然后倒入食用油、花生酱，将鸡腿肉拌匀，腌1小时，待用。

3 将腌渍好的鸡肉串好，放在一旁待用。

4 烤架上刷少量的食用油，放上鸡腿肉串，用中火烤3分钟至变色，将鸡腿肉串翻面，刷上食用油，用中火烤3分钟至熟，将鸡腿肉串再稍微烤一下，然后装入盘中即可。

[Tips]

如果选用的咖喱本身带有咸味，就不要放盐了。为了给鸡肉去腥可以添加一些去腥的葱末、姜末。

迷迭香烤鸡脯肉

你随风飘扬的笑，有迷迭香的味道；
迷迭香配上鸡胸脯肉，好吃忘不掉！

份　　量：（2人份）

烧烤时间：10分钟

[原料]

鸡胸肉200克

[调料]

盐、鸡粉、迷迭香碎各
3克，辣椒粉5克，烧烤
汁10毫升，食用油、孜
然粉各适量

[做法]

1 洗净的鸡胸肉切成宽条，装入碗中，放入少
许鸡粉、盐、烧烤汁、辣椒粉，再加入孜然
粉、食用油、迷迭香腌渍20分钟。

2 用竹签将腌好的鸡胸肉串好，待用。

3 烤串放到烧烤架上，中火烤3分钟；翻面刷上
少许食用油、烧烤汁，中火再烤约3分钟。

4 将烤串翻面，刷上食用油、烧烤汁，用中火
烤1分钟后再将烤串翻面，撒入少许迷迭香
碎，刷上少许食用油即可。

[Tips]

食用油如果选用橄榄油，烤好的鸡肉会更嫩。

烤鸡脆骨

油而不腻，口口香脆，吃个十串八串都不过瘾！

份　　量：（2 人份）

烧烤时间：10分钟

[原料]

鸡脆骨150克

[调料]

盐2克，白胡椒粉、鸡粉各3克，橄榄油、烧烤汁各5毫升，蜂蜜适量

[做法]

1　鸡脆骨洗净，用盐、鸡粉、白胡椒粉、橄榄油腌渍30分钟至其入味，用烧烤针把鸡脆骨穿成串。

2　将鸡脆骨串放到刷过油的烧烤架上，用中火烤3分钟至变色。

3　刷上烧烤汁，略烤，翻转烤串，刷上烧烤汁，用中火烤3分钟至入味。

4　鸡脆骨串上刷上蜂蜜，用小火烤1分钟至熟，将烤好的鸡脆骨串装入盘中即可。

[Tips]

鸡脆骨非常有嚼劲，但是不宜烤得太干，以免影响口感。

香烤红酒鸡翅

鲜嫩的鸡翅在红酒酱汁的配合之下，越发迷人醉香，咬一口更是嚼劲十足。

份　　量：（2 人份）

烧烤时间：13分钟

[原料]

鸡中翅6个

[调料]

盐少许，红酒酱汁适量

[做法]

1 洗净的鸡翅单面划上斜刀痕。

2 再泡入红酒酱汁内，放入冰箱冷藏20分钟。

3 取出沥干，串上竹签。

4 鸡翅放在烤架上，两面撒上少许盐，再反复烘烤至鸡翅完全熟即可。

[Tips]

如果时间允许的话，最好浸泡腌一晚上，会更美味。

烤日式鸡排

作为资深吃货，鸡排什么时候都爱；作为资深吃货兼日式控，充满日式风味的鸡排，爱到骨子里！

份　　量：（3 人份）

烧烤时间：20分钟

[原料]

鸡腿肉450克

[调料]

照烧汁适量

[做法]

1　洗净的鸡腿去骨，剔去多余的筋，切成厚薄均匀的片。

2　用喷火枪将鸡片烤至稍稍变色，用竹签将鸡腿串起。

3　将鸡腿肉放在烤架上，两面烤至转色。

4　浸泡入照烧汁内，再继续烤制，反复几次至鸡腿熟透即可。

美味搭配

迷迭香醋饮：搭配此款饮料，既增添美食的风味，还可助消化去油腻。

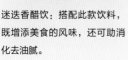

烤小黄花鱼

小黄花鱼肉质鲜嫩且刺少，味道极鲜美，是经典的烧烤美食之一！

份　　量：（2人份）

烧烤时间：30分钟

[原料]

小黄花鱼200克，姜片、葱段各少许

[调料]

黑胡椒粉、辣椒粉、烧烤粉各5克，料酒5毫升，盐、柠檬汁、食用油、烧烤汁各适量

[做法]

1 小黄花鱼处理干净，沥干水分，用刀在鱼背上切斜刀，待用。

2 将姜片、葱段放入鱼腹中，小黄花鱼表面抹上一层食用油、盐、黑胡椒粉、辣椒粉、料酒，腌渍30分钟。

3 将烤鱼网放在烤架上，烤15分钟后在鱼两面刷上少许食用油、烧烤汁，继续烤至变黄，不时翻面。

4 在鱼两面均匀撒上辣椒粉、烧烤粉，续烤15分钟即可取出装盘。

[Tips]

将黄花鱼洗净后可用黄酒腌渍，这样能去除鱼的腥味。

炭烤秋刀鱼

夏日漫长，悠然闲适，秋刀鱼的滋味，猫与你，都想了解。

份　　量：（1人份）

烧烤时间：10分钟

[原料]

洗好的秋刀鱼2条，薄荷叶、柠檬各适量

[调料]

盐、食用油、胡椒粉各适量

[做法]

1 处理干净的秋刀鱼两面切十字刀，撒少量的盐、胡椒粉，抹匀，腌渍约10分钟。

2 将秋刀鱼放在烤架上，用刷子刷少量的食用油，烤5分钟后翻面，再烤5分钟至金黄色。

3 将烤好的秋刀鱼装入盘中。

4 把备好的柠檬对半切开，再切成瓣状，把柠檬汁均匀地挤在鱼身上，再用薄荷叶装饰一下即可。

[Tips]

喜欢鱼内脏的可保留烤制，别有一番风味。

烤鳗鱼

鳗鱼自身营养丰富，是不可多得的海味，中国沿海渔民最为珍视的新年美味。

份　　量：（2人份）
烧烤时间：8分钟

[原料]

鳗鱼柳200克

[调料]

盐2克，烧烤汁5毫升，食用油适量

[做法]

1 洗净的鳗鱼柳切成长短一致的段。

2 将鳗鱼段用烧烤签串起来。

3 放上烧烤架上，大火烤至变色，刷上食用油、烧烤汁，撒上盐，翻面，续烤一会儿。

4 再刷上食用油、烧烤汁，烤1分钟至熟，装盘即可。

美味搭配

金橘醋饮：鳗鱼营养成分高，但几乎不含维生素C，金橘可与鳗鱼营养互补，还可解腻。

蒲烧鳗鱼

剔骨后的鳗鱼肉蓬松柔软，再搭配上微甜的蒲烧酱汁，细腻醇厚，美味无比。

份　　量：（3人份）

烧烤时间：18分钟

[原料]

鳗鱼1条

[调料]

蒲烧汁适量

[做法]

1　洗去鳗鱼身上的黏液，切去鱼头，将鳗鱼横刀剖开，剔去鱼骨，鱼肉处穿上竹签。

2　鱼皮朝下摆在烤架上，烤至鱼皮收缩，翻面续烤。

3　将烤至表面转色的鳗鱼放入蒲烧汁中，浸泡片刻。

4　再将鳗鱼摆在烤架上，反复烤制浸泡直至鳗鱼烤熟。

美味搭配

梅子醋饮：梅子性味甘平，富含果酸及维生素C，解腻。

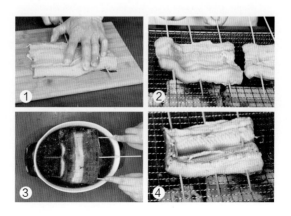

生烤鳕鱼

我是歇在春芳里的一条小鱼，忘却了时间的流转，忘却了春江潮水，只记得那阵阵清香。

份　　量：（1人份）

烧烤时间：12分钟

[原料]

带皮鳕鱼150克，柠檬半个

[调料]

盐适量

[做法]

1 将鳕鱼洗净切成段，备用。

2 将处理好的鳕鱼表面的水分擦干净，放在烤架上。

3 将表面烤出花纹，两面撒上盐。

4 烤入味后，挤上柠檬汁即可。

[Tips]

鳕鱼肉质细腻，烤的时候要注意火候。

烤银鳕鱼

银鳕鱼被喻为"餐桌上的营养师"，
富含蛋白质、维生素A、钙等元素，
如此营养丰富的美味，相信你一定不
会错过！

份　　量：（1人份）

烧烤时间：15分钟

[原料]

银鳕鱼肉100克

[调料]

橄榄油10毫升，盐2
克，白胡椒粉2克，烧
烤粉5克，烧烤汁、柠
檬汁各适量

[做法]

1 在洗净的鱼肉两面撒上适量盐、白胡椒粉，
用手抹匀，挤上柠檬汁，用手抹匀，腌渍10
分钟至其入味，备用。

2 在烧烤架上刷适量橄榄油，把腌好的银鳕鱼
放在烧烤架上，用中火烤5分钟至变色。

3 将银鳕鱼翻面，刷上少量橄榄油、烧烤汁，
用中火烤5分钟至上色。

4 再次翻面，刷上橄榄油、烧烤汁，用中火
烤1分钟至入味，翻转鱼肉，撒上适量烧烤
粉，烤1分钟至熟即可。

[Tips]

各种料的用量可根据鳕鱼块的大小数量调配。

罗勒烤鲈鱼柳

罗勒的清香配上鲈鱼的鲜香，哪一种香都抵御不了。

份　　量：（2人份）　　　　　　　　　　　烧烤时间：10分钟

[原料]

鲈鱼1条，罗勒叶10克

[调料]

烧烤粉5克，辣椒粉8克，盐3克，烧烤汁8毫升，白胡椒粉、橄榄油各适量

[做法]

1　鲈鱼剔骨、去皮，罗勒叶切成碎末，待用。

2　鲈鱼两面撒上盐、白胡椒粉、烧烤粉、辣椒粉、烧烤汁，抹匀；翻面，淋入烧烤汁，抹匀，加橄榄油，腌渍10分钟至其入味。

3　在烧烤架上刷食用油，放上鲈鱼，撒上罗勒叶末，中火烤3分钟至变色，刷上少许橄榄油；翻面，撒上罗勒叶末。

4　撒入适量辣椒粉，中火烤2分钟至熟，再撒上罗勒叶增香即可。

[Tips]

若喜欢味道重一点的，可以适当延长腌渍的时间。

莳萝烤三文鱼

莳萝腌渍的三文鱼，肉质细嫩、颜色鲜艳、口感爽滑，令人垂涎欲滴。

份　　量：（1 人份）　　　　　　　　　　　　　　烧烤时间：4分钟

[原料]

三文鱼150克，莳萝草5克

[调料]

盐3克，黑胡椒粉、白胡椒粉各2克，柠檬、食用油各适量

[做法]

1 三文鱼切小块，装碗中，放入莳萝草末、盐、黑胡椒粉、适量食用油，拌匀，腌渍10分钟；用竹签将腌渍好的三文鱼串成串。

2 在烧烤架上刷上适量食用油，将三文鱼串放在烧烤架上，用大火烤1分钟至变色。

3 翻面，刷上少量食用油，大火烤约1分钟，旋转烤串，将柠檬汁挤在鱼肉上，继续烤1分钟至熟即可。

[Tips]

莳萝草最好多腌渍一会儿，才能发挥其最大风味。

盐烤鲑鱼

浓浓的炭火、简单的调味，还有清香的柠檬，外
焦里嫩，味道棒极了！

份　　量：（2人份）　　　　　　　　　　烧烤时间：10分钟

[原料]

鲑鱼200克，柠檬1个

[调料]

盐、黑胡椒各少许

[做法]

1　洗净的鲑鱼擦干水分，两面撒上盐、黑胡
　　椒，腌渍一会儿。

2　将腌渍好的鲑鱼放在烤架上。

3　一面烤制半熟后再翻面，同样烤至半熟。

4　挤上柠檬汁，再续烤至熟即可。

[Tips]

鲑鱼含油脂较高，烤制时无需刷油。

辣烤鱿鱼

辣椒的刺激与鱿鱼的香脆，在烤架上吱吱作响，
交相辉映，碰撞出一道垂涎欲滴的美味！

份　　量：（2人份）　　　　　　　　　　　　烧烤时间：10分钟

[原料]

鱿鱼500克，蒜末3克，
青椒段10克

[调料]

生抽5毫升，红辣椒酱
20克，胡椒盐3克，白
砂糖5克，芝麻油、食
用油各少许

[做法]

1 洗净的鱿鱼划一字花刀，对半切开改切块。

2 热锅注水煮沸，放入切好的鱿鱼块，焯水3
分钟，捞起沥干水分。

3 在备好的碗中放入生抽、蒜末、白砂糖、胡
椒盐、芝麻油、红辣椒酱，搅拌均匀，制成
酱汁，倒入装有鱿鱼块的碗中，搅拌均匀。

4 备好的烤架加热，用刷子抹上食用油，将
拌好酱汁的鱿鱼放到烤盘上，烤5分钟，翻
面，续烤5分钟至熟，加青椒段点缀即可。

[Tips]

打的花刀深浅要一致，以免受热不匀。

紫苏盐烤小鲍鱼

肉质细嫩，鲜而不腻；营养丰富，清香味浓。

份　　量：（2人份）
烧烤时间：7分钟

[原料]

小鲍鱼4个

[调料]

紫苏盐适量，生抽少许

[做法]

1 将小鲍鱼清洗干净。

2 摆入烤架上，烤2分钟。

3 撒上紫苏盐，中火烤制2分钟，直至紫苏香味漫出。

4 刷上少许生抽，再续烤至全熟即可。

[Tips]
鲍鱼一定要烤熟透，不宜吃半生不熟的。

烤生蚝

鲜嫩多汁的生蚝，配以精心调配的味汁，以鲜味触动你的味蕾！

份　　量：（1人份）

烧烤时间：15分钟

[原料]

生蚝3个，蒜蓉20克

[调料]

盐3克，食用油10毫升，鸡粉、白胡椒粉、葱花各适量

[做法]

1 将生蚝洗干净，放到烧烤架上，用中火烤至冒气。

2 将适量的白胡椒粉、鸡粉、蒜蓉、食用油依次均匀地撒在生蚝肉上，再撒入适量的盐和鸡粉，用中火继续烤8分钟至生蚝壳里面的汤汁冒泡。

3 刷上少量的食用油，烤大约1分钟。

4 最后在每个生蚝上撒入适量的葱花即可。

[Tips]

可淋上少许柠檬汁增添风味。

蒜香芝士烤虾

炭火滋滋地煎烤着鲜虾，蒜香味弥漫了整天夏日
的宵夜摊，装进我们的记忆里。

份　　量：（2人份）
烧烤时间：10分钟

[原料]

基围虾140克，大
蒜20克，芝士30
克，葱花少许

[调料]

橄榄油、盐各少许

[做法]

1 大蒜去皮，剁成蒜泥；芝士细细切碎。

2 洗净的基围虾背部切开，剔去虾线。

3 将基围虾铺在盘子内，撒上少许盐，再填上
芝士、蒜末，淋上少许橄榄油。

4 放入预热好的烤箱内，上下火170℃烤制7
分钟，再撒上葱花即可。

美味
搭配

醋拌海藻：吃着鲜美的烤虾，
再嚼着爽脆的海藻，幸福感爆
棚有没有。

金菇扇贝

鲜美的扇贝，遇上含锌量比较高的金针菇，美味又健脑。

份　　量：（2人份）

烧烤时间：7分钟

[原料]

扇贝4个，金针菇15克，红、黄彩椒末各20克

[调料]

盐2克，食用油10毫升，鸡粉、白胡椒粉各适量

[做法]

1 将洗净的金针菇切成3厘米长的段，备用。

2 洗净的扇贝放在烧烤架上，用大火烤1分钟至起泡，在扇贝上淋入适量食用油。

3 撒上少许盐，用夹子翻转扇贝肉，再次撒上适量盐，撒入少许的鸡粉、白胡椒粉。

4 把金针菇段放在扇贝肉上，撒入少许盐，用大火烤1分钟，放入彩椒末，用大火续烤1分钟至全部材料熟透即可。

美味搭配

凉拌海带丝：一口一个扇贝，再来一碟开胃小菜，咸鲜酸辣搭配好味道。

培根蒜蓉烧青口

来自海洋的一份美味，这是水生与烈火造就的美食，值得一尝。

份　　量：（2人份）　　　　　　　　　　　　　烧烤时间：15分钟

[原料]

青口7个，蒜蓉25克，培根末25克，莳萝草少许

[调料]

芝麻油、食盐、鸡精、胡椒粉、烧烤汁各适量

[做法]

1 青口去壳取肉，壳放一边备用。

2 青口肉用水洗净，用鸡精、盐、胡椒粉拌匀，腌渍约5分钟后，将青口肉放到壳中，再放到烤架上。

3 烤约3分钟后，在青口肉上撒上培根末、蒜蓉，淋上芝麻油烤香，淋上烧烤汁。

4 烤约8分钟，再将莳萝草放到青口肉上，烤至散出香味，再烤大约半分钟，装盘即可。

[Tips]

新鲜的青口必须洗干净，打开时用刀要小心。

炭烤舌鳎鱼

鱼肉在炭火的炙烤下滋滋作响，香味随之溢出，
吃一口，金黄香脆的口感，满嘴鱼香。

份　　量：（2人份）　　　　　　　　　　烧烤时间：8分钟

[原料]

舌鳎鱼2条

[调料]

辣椒粉8克，烧烤粉5
克，烧烤汁5毫升，孜
然粉、白胡椒粉、食用
油各适量

[做法]

1 舌鳎鱼肉上撒上适量烧烤粉、辣椒粉、白胡
椒粉、孜然粉，刷上烧烤汁，翻面。

2 撒入烧烤粉、辣椒粉、白胡椒粉、孜然粉，
再刷上烧烤汁、食用油，抹匀，腌渍1小时。

3 烧烤架上刷适量食用油，放上舌鳎鱼，中火
烤3分钟至上色。

4 翻面，刷上少许食用油、烧烤汁，撒上适量
烧烤粉、孜然粉；再次将舌鳎鱼翻面，刷上
食用油、烧烤汁，继续烤1分钟即可。

[Tips]

舌鳎鱼不宜烤制过久，以免肉质太老，影响口感。

Part 3

蔬果菌菇，烤出别样美味

说到烧烤，什么季节都适合。不过，烧烤可不仅仅指烤羊肉串、牛舌还有生蚝等，试着烤些蔬菜吧！烤蔬菜绝对是烧烤中的点睛之笔，在我的心中，没有烤蔬菜的烧烤都不是烧烤。而且蔬菜烤起来简便易行，味道鲜美。是时候发挥起你的创造性了！

串烤双花

西蓝花、菜花齐齐来斗艳，不管花落谁家，都注定会是视觉和味觉的享受。

份　量：（2人份）

烧烤时间：8分钟

[原料]

西蓝花100克，菜花100克

[调料]

烧烤粉、孜然粉各5克，辣椒粉3克，盐2克，食用油适量

[做法]

1 洗净的菜花、西蓝花切成小朵。

2 将西蓝花、菜花依次穿成串。

3 在烧烤架上刷上适量的食用油，将烤串放在烧烤架上，再刷上适量食用油，用中火烤3分钟至变色。

4 在烤串上撒盐、辣椒粉、烧烤粉、孜然粉，翻转烤串，烤3分钟至熟即可。

[Tips]

将西蓝花、菜花焯一下水再烤，能增加其色泽及口感。

熏烤香葱

手拿一段香葱，吹一段往事之音；捧一碟烤香葱，品一场味蕾盛宴。

份　　量：（2人份）

烧烤时间：5分钟

[原料]

大葱140克

[调料]

食用油适量

[做法]

1 处理好的大葱洗净切成段。

2 用竹签将大葱段串起来。

3 刷上少许食用油，放在烤架上。

4 将两面烤至完全熟即可。

[Tips]

烤葱时撒点盐，能更好地提升葱的甜味。

烤双色甘蓝

白色的纯洁，与紫色的神秘，在烈火油烟中碰撞
出色香味俱全的素食烧烤。

份　　量：（3人份）　　　　　　　　　　烧烤时间：5分钟

[原料]

紫甘蓝100克，卷心菜
200克

[调料]

盐2克，烧烤粉、辣椒
粉各5克，食用油适量

[做法]

1 将洗净的卷心菜和紫甘蓝分别切成2厘米小
块，用竹签将它们依次穿成串，备用。

2 在烧烤架上刷适量食用油，把穿好的食材放
在烧烤架上，均匀地刷上适量食用油，用中
火烤1分钟至变色。

3 翻转烤串，撒上盐、烧烤粉、辣椒粉，翻
面，用中火烤至熟即可。

[Tips]
卷心菜不宜加热过久，以免破坏营养成分。

炭烤云南小瓜

云南小瓜脆嫩鲜，炭烤出来的别有一番风味。

份　　量：（3人份）　　　　　　　　　　　　　　烧烤时间：7分钟

[原料]

云南小瓜550克

[调料]

烧烤粉8克，盐3克，孜
然粉、食用油各适量

[做法]

1 将洗净的云南小瓜切成片，装入碗中。

2 加入适量盐、烧烤粉、孜然粉、食用油，拌
匀，备用。

3 将拌好的云南小瓜放到烧烤架上，用大火烤
2分钟至上色。

4 翻面，再刷上适量食用油，烤3分钟至熟透
即可。

[Tips]

云南小瓜含水量较高，不要烤制太久，以免影响口感。

烤彩椒

彩椒的颜色令人赏心悦目，烤食香味更浓，怎能
让人不爱吃。

份　量：（2 人份）　　　　　　　　　　　　　烧烤时间：8分钟

[原料]

红、黄彩椒各1个

[调料]

盐2克，烧烤粉5克，孜
然粉、食用油各适量

[做法]

1 在烧烤架上刷适量食用油，将洗净的彩椒放
在烧烤架上，用中火烤2分钟至上色。

2 翻面，用中火烤2分钟至上色。

3 再翻面，以旋转的方式用中火烤2分钟，将
彩椒边旋转边刷上适量食用油，撒入盐、烧
烤粉、孜然粉。

4 以旋转的方式，中火续烤1分钟至熟即可。

[Tips]

彩椒肉质娇嫩，以八九成熟为佳。

炭烤茄片

生活本来简易，一副简单的碗筷，一杯简单的开水，一道简单的炭烧茄子。

份　　量：（2人份）　　　　　　　　　　烧烤时间：7分钟

[原料]

茄子200克

[调料]

烧烤粉10克，盐2克，
孜然粉、食用油各适量

[做法]

1 洗净的茄子切成1.5厘米厚的片，放入碗中。

2 将孜然粉、盐、烧烤粉边撒入边搅拌匀，倒入食用油，拌匀。

3 在烧烤架上刷适量食用油，放上拌好的茄片，用大火烤约2分钟。

4 茄片翻面，用大火烤约2分钟，在两面刷上食用油，再烤约1分钟至熟即可。

[Tips]

撒入调料后一定要搅拌匀，使调料均匀地裹在茄子上。

蒜蓉茄子

蒜蓉茄子是由茄子加蒜蓉、调料烤出来的菜肴，
美味又健康。

份　　量：（2人份）　　　　　　　　　　烧烤时间：20分钟

[原料]

茄子2个

[调料]

蒜蓉30克，葱花少许，
盐3克，鸡粉3克、孜然
粉4克，食用油适量

[做法]

1 将茄子放在烧烤架上，用中火以旋转的方式
烤10分钟至茄子熟软。

2 用小刀将茄子横刀划开，将柄部切开，但不
切断，在茄子肉上横划几刀。

3 撒入盐、鸡粉，倒入蒜蓉，并铺平，均匀地
刷上食用油，用中火慢慢地烤8分钟。

4 撒入盐、孜然粉，刷上食用油，烤2分钟，
最后撒入葱花即可。

[Tips]

在烤茄子时，以茄子皮烤至起皱为宜。

烤冬笋

清新感十足的冬笋，经过"爱火"的洗礼，愈发
风味十足。

份　　量：（2人份）　　　　　　　　　　　　　烧烤时间：20分钟

[原料]

冬笋块200克

[调料]

盐2克，烧烤粉、孜然
粉各5克，食用油适量

[做法]

1 将冬笋洗干净，切好。

2 在烧烤架上刷适量食用油，把冬笋放在烧烤架上，用小火烤5分钟；反复翻面，刷上适量食用油，小火烤10分钟至两面上色。

3 撒少许盐、烧烤粉、孜然粉，翻面，再撒上烧烤粉、孜然粉，用小火烤2分钟至入味。

4 再翻面，续烤1分钟至熟，将烤好的冬笋装盘即可。

[Tips]

冬笋根部要多切去一点，以免影响口感。

香烤黄油玉米

黄油的美味，刷在金黄的玉米上，经过炭火的烧烤，焦香美味，让你啃得停不下来。

份　　量：（2人份）

烧烤时间：10分钟

[原料]

玉米200克

[调料]

黄油、辣椒粉、盐各
少许

[做法]

1　玉米切成段，用烧烤签将其穿起。

2　玉米放在烤架上，摆放上黄油，慢慢烤制。

3　用刷子将融化的黄油刷均匀，烤至上色。

4　撒上辣椒粉、盐后烤至入味即可。

美味
搭配

木耳拍黄瓜：黄瓜水分充足，
加入些许辣酱和醋，酸脆爽
口，可中和黄油的油腻感。

黄油芦笋

散发着甜美香气的黄油，衬托出芦笋特有的清甜，口感也相当滑嫩，诱人胃口大开。

份　　量：（2人份）

烧烤时间：10分钟

[原料]

芦笋150克

[调料]

黄油适量，盐、黑胡椒各适量

[做法]

1　将芦笋洗干净，修去老根。

2　将芦笋排放在锡纸盒内，摆放上黄油，再撒上盐、黑胡椒。

3　锡纸盒平整地放在烤架上，慢慢烤制。

4　将芦笋烤至熟透即可。

美味搭配

麻辣鸡丝：鸡肉嫩滑，麻辣鲜香，非常爽口。

香烤芸豆

可以有多少花样？很多时候，灵感的触发，只在那意想不到的时刻，电光火石的一瞬间。

份　　量：（2人份）

烧烤时间：9分钟

[原料]

芸豆100克

[调料]

盐少许，烧烤粉、孜然粉各5克，食用油8毫升

[做法]

1　芸豆去筋，洗干净备用。

2　烧烤架上刷食用油，放上芸豆，用中火烤3分钟至其变色。

3　将芸豆翻面，刷上食用油，用中火烤3分钟至其上色后，撒上盐、烧烤粉、孜然粉。

4　再次翻转芸豆后，撒上盐、烧烤粉、孜然粉，用中火烤1分钟，翻转几次至其烤熟，将烤好的芸豆装入盘中即可。

[Tips]

芸豆可以适当烤久一些，味道更香。

蜜汁烤紫薯

紫薯的甜味融合蜜汁，丝丝入味，糯软的口感将甜蜜在口齿中层层散开，好想分享给带来同样甜蜜的那个他。

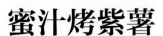

份　　量：（4人份）

烧烤时间：7分钟

[原料]

紫薯500克

[调料]

蜂蜜8克，盐少许，食用油适量

[做法]

1 将洗净的紫薯去皮，再切成厚片，装入盘中，待用。

2 在烧烤架上刷适量食用油，将紫薯片放在烧烤架上，用中火烤2分钟至变色。

3 刷上适量食用油、蜂蜜，翻面，刷上适量食用油、蜂蜜，用中火烤2分钟。

4 在紫薯两面撒上适量盐，刷少量蜂蜜，续烤1分钟至熟即可。

[Tips]

用叉子在紫薯上戳几个孔，这样更易熟透。

孜然烤洋葱

让人流泪的不仅是往事，还有洋葱的气味；但在炭火中，所弥漫的香味，却令人垂涎欲滴。

份　　量：（2人份）

烧烤时间：16分钟

[原料]

洋葱150克

[调料]

孜然粉10克，烧烤粉5克，盐2克，烧烤汁5毫升，食用油10毫升

[做法]

1 将洗净去皮的洋葱对半切开，去除外面较老的部分，备用。

2 将洋葱切口朝下放到刷了食用油的烧烤架上，用中火烤约5分钟至散出香味。

3 翻面，刷上烧烤汁、食用油，撒入孜然粉、盐、烧烤粉，烤约5分钟，至其入味。

4 用烧烤夹将洋葱稍微转一下，烤1分钟把洋葱翻面，刷上烧烤汁，撒入盐、孜然粉、烧烤粉，烤约2分钟，再次将洋葱翻面，烤约2分钟至熟。

美味搭配

啤酒：与啤酒搭配，够味经典，是不能错过的美味。

炭烤黄瓜片

清脆爽口的黄瓜，一片片串起，烤出来的清甜香味飘荡在小巷里，飘过了春夏秋冬。

份　　量：（1人份）

烧烤时间：7分钟

[原料]

黄瓜200克

[调料]

盐2克，烧烤粉5克，辣椒粉5克，食用油8毫升

[做法]

1　洗净的黄瓜切成厚1.5厘米的片，用竹签将黄瓜片穿成串，备用。

2　在烧烤架上刷适量食用油，把黄瓜串放在烧烤架上，用中火烤2分钟至上色。

3　刷上适量食用油，然后撒上适量盐、烧烤粉、辣椒粉。

4　接着翻面，再刷上适量食用油，撒上盐、烧烤粉、辣椒粉，用小火烤3分钟至熟装入盘中即可。

[Tips]

黄瓜片可加少许盐腌渍片刻，使其变软，这样更易穿成串。

海鲜酱烤茭白

海鲜酱味道鲜美浓郁，配上味道素静鲜美的茭白，正是刚刚好！

份　　量：（2人份）

烧烤时间：15分钟

[原料]

茭白200克

[调料]

海鲜酱、食用油各适量

[做法]

1 茭白处理干净，对半切开。

2 用竹签逐一将其串起。

3 放在烤架上，均匀地刷上食用油。

4 待变色后刷上海鲜酱，续烤至熟透即可。

[Tips]

茭白不宜烤制太干，不然影响口感。

烤白萝卜串

脆甜多汁的烤萝卜，一口下去，满嘴幸福!

份　　量：（2人份）　　　　　　　　　　　　烧烤时间：6分钟

[原料]

白萝卜300克

[调料]

烧烤汁5毫升，盐少许，食用油适量

[做法]

1 将洗净的白萝卜切成小方块，用烧烤针将其穿成串。

2 把白萝卜串放在烧烤架上，刷上适量食用油，用中火烤1分钟至上色。

3 均匀地撒上适量盐，略烤一会儿至入味。

4 翻转白萝卜串，并刷上适量烧烤汁，用中火烤1分钟至熟即可。

[Tips]

烤白萝卜时可多刷几次烧烤汁，以便使白萝卜入味。

烤芋头

世界上没有一个烤芋头搞不定的事情，实在不行，就两个。

份　　量：（2 人份）　　　　　　　　　　烧烤时间：15分钟

[原料]

| 小芋头200克

[做法]

1 小芋头清洗干净，用锡纸将其完全包住。

2 将小芋头放在烤架上，不时翻动，中火烤制，直至烤熟即可。

[Tips]

喜欢吃甜的，可以将烤熟的小芋头蘸糖吃。也可以将小芋头削皮后裹上一层芝士，再用锡纸包住烤制，味道极美。

烤杏鲍菇

杏鲍菇肉质鲜美又健康，创新香烤超美味！

份　　量：（2人份）　　　　　　　　　　　　烧烤时间：10分钟

[原料]

杏鲍菇100克

[调料]

盐2克，孜然粉、烧烤

粉各5克，食用油适量

[做法]

1 洗净的杏鲍菇切成2厘米厚的片，用竹签穿成串，备用。

2 在烧烤架上刷适量食用油，把杏鲍菇串放在烧烤架上，用中火烤3分钟至变色。

3 在杏鲍菇串上刷适量食用油，撒上烧烤粉、盐、孜然粉，用中火烤3分钟。

4 翻面，刷上适量食用油，撒入少许烧烤粉、盐、孜然粉，用中火烤1分钟至入味，翻面，用中火续烤1分钟至熟即可。

[Tips]

在杏鲍菇表面划出网纹状后再切片，这样更易入味。

香烤杂菇

一直特钟爱吃各种蘑菇，不光因为它的各种营养，还因为"素中之荤"的美名，吃着跟肉似的，好吃不胖。

份　　量：（3 人份）　　　　　　　　　　　　　　　烧烤时间：13分钟

[原料]

金针菇80克，蟹味菇100克，白玉菇100克，蒜末10克，葱花10克

[调料]

盐、黑胡椒粉、鸡粉各3克，食用油适量

[做法]

1 洗净的蟹味菇、白玉菇、金针菇去根后倒入沸水锅中，焯煮至断生。

2 捞出放入盘中，倒入蒜末、葱花，加入盐、食用油、黑胡椒粉、鸡粉，拌匀，铺放在铺有锡纸的烤盘上。

3 备好电烤箱，打开箱门，将烤盘放入其中，关上箱门，将上下温度调至180℃，时间设置为10分钟，烤熟即可。

[Tips]

喜欢吃辣的朋友还可以根据自己的口味增加辣椒酱等调料。

蜜汁烤菠萝

蜜汁烤菠萝，热恋的感觉。

份　　量：（3 人份）　　　　　　　　　　　　　　烧烤时间：13分钟

[原料]

菠萝500克

[调料]

蜂蜜20克，食用油少许

[做法]

1　洗净去皮的菠萝切成薄片，备用。

2　在烧烤架上刷适量食用油，将切好的菠萝片放到烧烤架上，用中火烤约5分钟至上色。

3　在菠萝表面均匀地刷上适量蜂蜜，将菠萝片翻面，再刷上适量蜂蜜，用中火烤约5分钟至上色。

4　再将菠萝片翻面，刷上适量蜂蜜，烤约1分钟即可。

[Tips]

菠萝有甜味，因此蜂蜜不要刷太多，以免甜腻。

蜜汁烤木瓜

木瓜的香醇与蜂蜜的香甜完美融合，唇齿间流露
着对美食的满足感。

份　　量：（5人份）　　　　　　　　　　　　　　烧烤时间：10分钟

[原料]

木瓜1个

[调料]

蜂蜜、食用油各适量

[做法]

1 洗净的木瓜切去尾部，去皮，切成块，用竹
签穿成串，备用。

2 在烧烤架上刷上适量食用油，把木瓜串放在
烧烤架上，用小火烤4分钟。

3 在木瓜串两面都刷上适量食用油，用小火烤
4分钟至变色。

4 在木瓜两面刷上适量蜂蜜，小火烤1分钟至
熟即可。

[Tips]

木瓜含有木瓜酚、苹果酸、柠檬酸、维生素C、黄酮类等营
养成分，具有消暑解渴、清心润肺、健胃益脾等功效。

芝心香蕉

软糯里带着芝士和香蕉的香甜，味道和口感都很
不错，吃过之后让人心情愉悦！

份　　量：（2人份）　　　　　　　　　　　烧烤时间：10分钟

[原料]

香蕉2根，芝士碎适量

[做法]

1 香蕉横刀划开。

2 挖去少许果肉。

3 填上芝士碎。

4 放入预热好的烤箱内，以上下火170℃烤制
10分钟即可。

[Tips]

挖出来的香蕉泥可跟芝士搅拌后再填上，会更美味。

蜜汁烤苹果圈

小时候最喜欢院子里妈妈晒的苹果干，脆脆甜甜的，今天自己动手烤一个软糯甜的苹果圈，与朋友一起分享。

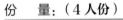

份　　量：（4 人份）　　　　　　　　　　　　烧烤时间：10分钟

[原料]

苹果500克

[调料]

蜂蜜20克，食用油少许

[做法]

1 洗净的苹果切成薄片，用模具去除苹果核，做成苹果圈，装入盘中，备用。

2 在烧烤架上刷适量食用油，把苹果圈放到烧烤架上，用中火烤3分钟至上色。

3 将苹果圈翻面，刷上适量蜂蜜，用中火烤3分钟至上色。

4 再次翻面，刷上适量蜂蜜，烤1分钟即可。

[Tips]

苹果不宜烤得过干，以免影响口感。

097

烤水果串

鲜食水果水分足，沙拉水果营养足，火烤水果滋味足上加足！

份　　量：（2 人份）

烧烤时间：4分钟

[原料]

火龙果200克，苹果1
个，奇异果2个，圣女
果100克

[调料]

蜂蜜、食用油各适量

[做法]

1 苹果、火龙果、奇异果均去皮，切成小块，备用。

2 取一只竹签，将圣女果、火龙果、奇异果、苹果依次穿成串，备用。

3 在烧烤架上刷适量食用油，把水果串放在烧烤架上，一边翻转，一边刷上适量蜂蜜，用中火烤1分钟至变色。

4 翻面，再刷上适量蜂蜜，用中火烤1分钟至散出蜂蜜的香味，将烤好的水果串装入盘中即可。

美味搭配

玫瑰奶茶：此茶养胃、养颜，搭配烤串一起吃可以缓解肠胃负担。

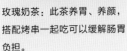

烤千层苹果

不需要过多的食材和繁琐的操作过程，轻轻松松就能拥有一道香脆甘甜的美食。当下午茶或是小零嘴儿简直完美。

份　　量：（1人份）

烧烤时间：10分钟

[原料]

苹果1个，马苏里拉芝士适量

[调料]

白砂糖少许

[做法]

1 苹果洗净去皮，对切成两半，再切成半月形薄片。

2 将苹果片放入烤碗中，一层一层铺好。

3 撒上马苏里拉芝士和白砂糖。

4 将烤碗移入预热好的烤箱，以上下火180℃烤制10分钟即可。

美味搭配

冰镇橙香汽水：充满泡泡的苏打水，扑鼻而来的橙子清香，健康好饮又惬意！

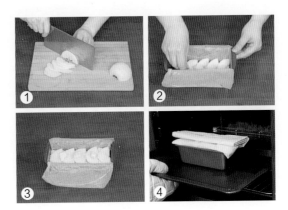

烤西瓜

每年夏天，是西瓜陪伴我们走过酷暑炎夏！如今西瓜也可以烤着吃，别有一番风味！

份　　量：（2人份）

烧烤时间：10分钟

[原料]

西瓜1个，黑胡椒适量

[做法]

1 洗净的西瓜切块，在西瓜肉上打上花刀。

2 装入容器中，撒上黑胡椒。

3 放入预热好的烤箱内，以上下火170℃烤制10分钟即可。

[Tips]

为了方便食用，可将西瓜子剔除。

烤雪梨

雪梨是凉性水果，具有润肺清燥的作用。烧烤食物多上火，不妨来一个冰糖雪梨解解腻、降降火。

份　　量：（2人份）

烧烤时间：12分钟

[原料]

雪梨2个，红枣适量

[调料]

冰糖适量

[做法]

1 雪梨洗干净，用刀将带蒂的一边切下一小块，再用小汤匙把梨核挖出来。

2 将红枣洗净擦干后与冰糖一起放入雪梨中。

3 将刚刚切下的小块雪梨块放回雪梨盅内，用牙签固定好。

4 分别用锡纸将两个梨包裹好，放在烤架上，用余火或小火烤至出汁即可。

[Tips]

还可加入少许川贝，润肺止咳效果不错。

Part 4

创意烤串，
串出幸福"时光"

烤肉最好与新鲜的蔬菜水果一起吃，因为新鲜的绿叶蔬菜如生菜、空心菜，以及西红柿、白萝卜、青椒，和水果如苹果、奇异果、柠檬等都含有大量的维生素C、维生素E。丰富的维生素C可减少致癌物亚硝胺的产生；而维生素E具有很强的抗氧化作用。

五花肉片金针菇卷

一层肥一层瘦的五花肉，裹着鲜脆的金针菇，一口咬下去，满脸的幸福！

份　　量：（1人份）
烧烤时间：6分钟

[原料]

五花肉60克，金针菇
100克

[调料]

柠檬、盐各适量

[做法]

1 洗净的五花肉去皮，切成薄片。

2 金针菇切成长段，用肉片逐一将金针菇卷起，再用竹签串成串。

3 将肉串放在烤架上，用大火烤出油分。

4 撒上适量的盐，续烤入味后挤上柠檬汁，烤至熟透即可。

水果绿茶：果茶中富含酵素，可以帮助燃脂，还能解腻。

嫩肉片韭菜卷

鲜嫩的肉片，带着鲜脆的韭菜，烤出一道奇妙的壮阳美味。

份　　量：（1人份）

烧烤时间：5分钟

[原料]

里脊肉40克，韭菜50克

[调料]

盐、孜然粉、辣椒粉、食用油各适量

[做法]

1 里脊肉切薄片，洗净的韭菜切成段，码齐。

2 用肉片将韭菜卷起，用竹签逐一串起。

3 肉串放在烤架上，均匀地刷上食用油，烤制3分钟。

4 两面撒上盐、孜然粉、辣椒粉，烤至入味熟透即可。

美味搭配

苹果菠萝汁：酸中带甜，有清热解渴、生津止烦的作用。

芝士培根串

奶香满溢的芝士，在炭火中溶进培根肉里，留香唇齿。

份　　量：（2人份）

烧烤时间：5分钟

[原料]

培根100克，芝士40克

[调料]

柠檬片适量

[做法]

1　芝士切成大小相同的小长条。

2　用备好的培根将芝士卷住。

3　用竹签将卷好的培根芝士串起。

4　培根串放在烤架上，中火烤至熟，挤上柠檬汁即可。

美味搭配

荷叶桂花茶：清热解毒，平肝降脂，解腻。

培根秋葵串

秋葵本身营养价值很高，味道鲜甜爽脆。

份　　量:（1人份）　　　　　　　　　　　　　　烧烤时间：8分钟

[原料]

培根40克，秋葵50克

[调料]

黑胡椒少许

[做法]

1 洗净的秋葵修去头尾。

2 用备好的培根逐一将秋葵卷起。

3 再用竹签将其串好，待用。

4 将秋葵串放在烤架上，撒上黑胡椒，将其完全烤熟即可。

[Tips]

培根较油腻，食用时可撒上柠檬汁，能很好地解腻。

炭烤菠萝肉串

只要嘴里吃着菠萝烤肉，哪里都是蓝天白云、阳光沙滩的热带风情！

份　　量：（3 人份）　　　　　　　　　　　　烧烤时间：15分钟

[原料]

菠萝肉200克，猪肉150克

[调料]

盐3克，烧烤粉5克，生抽、橄榄油各5毫升，白胡椒粉、食用油各适量

[做法]

1　菠萝果肉切小块；猪肉切小块。

2　猪肉装碗中，加烧烤粉、白胡椒粉、盐、生抽、橄榄油拌匀，腌15分钟至入味。取一支鹅尾针，将猪肉、菠萝肉依次串成串。

3　烧烤架上刷适量食用油，放上烤串，中火烤5分钟后翻面，撒上适量烧烤粉，刷少许生抽，撒少许盐，再刷上少量食用油，中火烤5分钟至入味。翻转烤串，撒上烧烤粉，刷上生抽、食用油，中火烤至熟即可。

[Tips]

猪肉切小块些比较好，这样更易烤熟。

甘蓝牛肉串烧

鲜美紫甘蓝，爽滑牛肉，脆甜卷心菜，经典双色烤串，荤素搭配好美味。

份　　量：（2人份）

烧烤时间：10分钟

[原料]

牛肉100克，紫甘蓝、卷心菜各50克

[调料]

黑胡椒粉2克，盐3克，鸡粉2克，烧烤粉2克，孜然粉2克，橄榄油5毫升，生抽5毫升，食用油适量

[做法]

1 洗净的牛肉切成丁，装碗中，加适量盐、鸡粉、生抽、橄榄油拌匀，再加入适量黑胡椒粉拌匀，腌渍10分钟至其入味。

2 洗净的卷心菜、紫甘蓝切成长条，并分别放上牛肉块，慢慢地卷起，用竹签串好。

3 在烧烤架上刷适量食用油，放上烤串，刷上适量食用油，用中火烤3分钟至上色后，继续刷上适量食用油，撒上烧烤粉、盐，翻面，同样撒适量烧烤粉、盐，用中火烤3分钟，至其入味。

4 将两面撒入适量盐、烧烤粉、孜然粉，用中火烤1分钟至熟即可。

美味搭配

菊花茶：菊花茶气味清香，是不错的清凉饮料，能清热解毒、护肝明目。

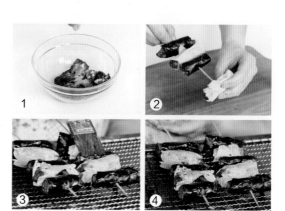

牛肉菜花串

一口牛肉，一口菜花，孜然美味，荤素搭配，营养又健康！

份　　量：（2人份）

烧烤时间：8分钟

[原料]

牛肉150克，西蓝花朵、菜花朵各25克

[调料]

孜然粉、烧烤粉、辣椒粉各5克，生抽、芝麻油各5毫升，盐2克，食用油适量

[做法]

1 牛肉切成粗条，装入碗中，撒入少许盐、烧烤粉、辣椒粉、孜然粉，淋入生抽、芝麻油，拌匀后腌渍1小时。

2 取一只竹签，将西蓝花、牛肉、菜花依次穿成串，备用。

3 在烧烤架上刷适量食用油，把烤串放在烧烤架上，用中火烤3分钟至变色。

4 在烤串上刷食用油，翻转烤串，撒上烧烤粉、辣椒粉、盐、孜然粉，用中火烤3分钟后再翻转烤串，续烤1分钟至熟。

[Tips]

牛肉不要切得太细，这样才有嚼劲，口感好。

牛肉土豆串

牛肉富含蛋白质，具有补中益气、补肝强肾、强身健体、止渴止涎等功效。

份　　量：（2人份）

烧烤时间：6分钟

[原料]

牛肉100克，土豆150克

[调料]

黑胡椒粉2克，盐3克，鸡粉2克，橄榄油、生抽各5毫升，烧烤粉、孜然粉各5克，食用油适量

[做法]

1 将洗净去皮的土豆切丁，装入碗中。

2 牛肉切成丁后装入碗中，撒入适量盐、鸡粉、生抽、橄榄油，加入适量黑胡椒粉，拌匀，腌渍10分钟；取一根烧烤针，将土豆、牛肉依次穿成串，备用。

3 将串好的烤串放在烧烤架上，用中火烤3分钟至变色。

4 在烤串上刷适量食用油，翻转烤串，并撒入适量烧烤粉、盐、孜然粉，续烤2分钟至熟即可。

[Tips]

牛肉拌匀后，用手捏挤片刻，可使其更加入味。

草菇牛肉串

草菇的鲜美，牛肉的嚼劲，营养的合理搭配，胃的满足。

份　　量：（2人份）　　　　　　　　　　　　烧烤时间：6分钟

[原料]

草菇40克，牛肉100克，洋葱30克

[调料]

盐、辣椒粉、孜然粉各适量

[做法]

1　洋葱切成小块，牛肉切成小块后装入碗中。

2　将盐、辣椒粉、孜然粉放入碗中，搅拌匀腌至入味。

3　将牛肉、洋葱、草菇交叉串在竹签上，待用。

4　肉串放在烤架上，烤至转色后均匀地刷上食用油，将其烤至熟透即可。

[Tips]

洋葱块切得大小一致，能更好地受热均匀。

牛蹄筋彩椒串

红的、绿的圆椒，和牛筋搭配成色彩丰富的烤
串，圆椒酥软，真是别样的风味和口感。

份　　量：（3人份）　　　　　　　　　　　　　　烧烤时间：8分钟

[原料]

熟牛蹄筋100克，圆
椒、彩椒各1个

[调料]

盐2克，烧烤粉、辣
椒粉各5克，孜然
粉、食用油各适量

[做法]

1 圆椒、彩椒洗净，分别切成2厘米见方的小块。

2 依次将牛蹄筋块、圆椒、彩椒穿到竹签上。

3 在烧烤架上刷上适量食用油，放上烤串，用中
火烤至变色，两面均匀地刷上食用油。

4 撒上适量盐、烧烤粉、辣椒粉、孜然粉，用中
火烤至上色，再刷上少许食用油，用中火烤至
熟即可。

[Tips]

牛筋容易烤煳，烤的时候可以多放点食用油。

炭烤羊蔬串

外脆里嫩，随烤随吃，再加一把孜然，更是让人回味无穷啊！

份　　量：（5人份）
烧烤时间：10分钟

[原料]

嫩羊肉500克，青椒、红椒、葱头各150克，口蘑50克

[调料]

玉米粉50克，酸奶400克，盐适量，丁香粉、桂皮粉、茴香粉、胡椒粉各少许

[做法]

1 将羊肉洗净后切块；葱头洗净后，将2/3的葱头切片，1/3葱头切末；青椒、红椒洗净，对半切段。

2 口蘑洗净，待用。

3 羊肉块放入碗中，倒入玉米粉、酸奶、盐，再加入丁香粉、桂皮粉、茴香粉、胡椒粉拌匀，腌渍半小时入味。

4 将羊肉、红椒、青椒、葱头、口蘑依次穿好，用炭火缓缓烤熟即可。

[Tips]

串羊肉串时，最好肥瘦交叉，这样口感会更好。

时蔬烤肉串

将蔬菜与肉类一同穿成串烤，荤素搭配，同享美味。

份　　量：（4 人份）

烧烤时间：12分钟

[原料]

羊肉300克，红彩椒、黄彩椒各150克，云南小瓜400克

[调料]

烧烤粉、辣椒粉各8克，胡椒粉5克，烧烤汁8毫升，生抽4毫升，盐、橄榄油各适量

[做法]

1 羊肉、红彩椒、黄彩椒均切成块；云南小瓜切成片。

2 将切好的羊肉、红彩椒、黄彩椒、云南小瓜装入容器中，倒入盐、烧烤粉、胡椒粉、辣椒粉、生抽、烧烤汁、食用油，拌匀，腌入味。

3 烧烤架刷上橄榄油，放上烤串，翻面，继续烤5分钟，中火再烤3分钟至熟。

4 以旋转的方式加上调料，继续烤制，烤熟后放入盘中即可食用。

[Tips]

羊肉腌的时间久一些会更入味。

烤芝心无骨鸡翅

外皮香酥诱人，咬上一口，嗖嗖要溢出来的汁液，肉质香滑鲜美，回味无穷。

份　　量：（3 人份）
烧烤时间：10分钟

[原料]

鸡翅6只，芝士30克

[调料]

盐3克，料酒6毫升，
蜂蜜、蚝油各适量

[做法]

1 鸡翅解冻，洗净，切去两头筋膜相连的地方。

2 抽去鸡翅中的两根骨头，将盐、料酒、蚝油倒入鸡翅内，再充分搅拌匀，腌渍10分钟。

3 将备好的芝士条插入鸡翅内，摆在锡纸上，刷上蜂蜜。

4 将鸡翅放在烤盘上，放入烤箱，将上下火温度设置为180℃，烤10分钟即可。

[Tips]
鸡翅烤制后会缩小，所以芝士不要塞得太满。

美味搭配

冰镇蜂蜜奇异果汁：酸中带甜，可中和芝士的油腻感，还可生津润燥。

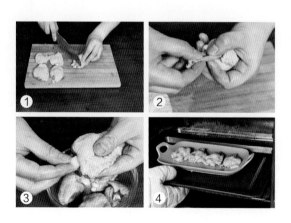

照烧鸡肉芦笋串

鸡胸肉蛋白质丰富，口感鲜美；芦笋口感脆嫩清甜，且富含纤维素。两者串一起，是一道美味瘦身皆备的佳肴。

份　　量：（2人份）

烧烤时间：9分钟

[原料]

鸡胸肉100克，芦笋40克

[调料]

盐少许，照烧酱汁适量

[做法]

1 芦笋切成段，鸡胸肉片成薄片。

2 用鸡肉将芦笋卷起。

3 用竹签将卷好的鸡肉芦笋串起。

4 放入烤架上烤至转色，浸入照烧酱汁续烤，反复3次后撒上少许盐烤至入味即可。

美味搭配

柠檬红茶：生津止渴，醒脾健胃，解腻。

串烧麻辣鸡块

犹如回忆的珠串，串起了不舍的忘却，串起了记忆中弥漫的余香。

份　　量：（3人份）

烧烤时间：12分钟

[原料]

鸡腿2个，圆椒30克，彩椒150克，洋葱70克

[调料]

盐、花椒粉、辣椒粉、孜然粉、食用油、烧烤汁、酱油、辣椒油、鸡精各适量

[做法]

1　鸡腿剔去骨头，切成方块状后装入碗中，加入鸡精、盐、孜然粉、花椒粉、辣椒粉，淋入酱油、食用油、辣椒油，搅拌均匀后腌渍15分钟使其入味。

2　洗净的彩椒、圆椒、洋葱切开，再切成小方块，再与鸡腿肉依次串在烧烤针上。

3　在烤架放上串烧，稍微烤一会儿，在串烧上刷少量食用油，每烤3分钟换一面继续烤，撒适量的花椒粉在串烧上。

4　将孜然粉均匀地撒在串烧上，用刷子将烧烤汁、食用油均匀刷上，稍微烤一下，装入盘中即可。

美味搭配

苹果柠檬醋饮：促进新陈代谢，降血脂，开胃消食。

鸡皮卷韭菜

韭菜味道鲜香，可改变皮肤毛囊的黑色素，使肤色均匀，是爱美的女性晒后修复的美容菜。

份　　量：（1 人份）　　　　　　　　　　　　　　　　烧烤时间：8分钟

[原料]

鸡皮15克，韭菜40克

[调料]

盐、黑胡椒各适量

[做法]

1 将鸡皮从鸡腿上剥下，修成合适的大小。

2 韭菜切段，用鸡皮将韭菜卷入。

3 用竹签逐一将鸡皮卷串起。

4 摆到烤架上，上色后两面撒上盐、黑胡椒，再烤至入味即可。

[Tips]

黑胡椒容易焦，可晚些撒入，会更美味。

鸡皮蔬菜卷

各种新鲜食材的融合，让鲜香在唇齿间回荡，健康和美食是可以并存的。

份　　量：（1 人份）　　　　　　　　　　　　　　烧烤时间：10分钟

[原料]

鸡皮15克，豆芽40克，胡萝卜30克，香菜适量

[调料]

盐、黑胡椒各适量

[做法]

1　将鸡皮从鸡腿上剥下，修成合适的大小。

2　将胡萝卜去皮切成丝，香菜切成段。

3　将豆芽、胡萝卜、香菜卷入鸡皮内，用竹签串起。

4　放在烤架上，略烤后撒上盐烤至熟，撒上黑胡椒续烤片刻即可。

[Tips]

鸡皮较油腻，制作时应烤去多余油脂，会更美味。

芒果海鲜串

当树上的美味遇到海底的佳肴，会碰撞出怎样的美味盛宴呢？

份　　量：（1人份）

烧烤时间：8分钟

[原料]

芒果20克，虾仁30克

[调料]

黑胡椒碎、食用油各适量

[做法]

1 芒果对半切开去核，打上网格花纹，将果肉取出，待用。

2 将芒果与虾仁交叉地串在竹签上，撒上黑胡椒碎。

3 将芒果海鲜串放到烤架上，刷一下食用油，烤至虾仁变色。

4 翻面，再刷一下食用油，续烤3分钟即可。

[Tips]

虾仁可事先腌渍片刻，味道会更加鲜美。

串烧三文鱼

三文鱼有多种不同的烹饪方式，与多种
蔬菜一起烤制美味可口，营养均衡。

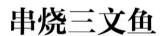

份　　量：（1人份）

烧烤时间：6分钟

[原料]

三文鱼150克，圆椒、
彩椒各适量

[调料]

盐3克，白胡椒粉、孜
然粉、烧烤粉各5克，
烧烤汁8毫升，柠檬、
食用油各适量

[做法]

1 洗净的圆椒、彩椒分别切小块；三文鱼切小
块，装入碗中，撒入适量盐、烧烤粉、孜然
粉、烧烤汁、白胡椒粉，淋入适量食用油。

2 挤入适量柠檬汁，拌匀，腌渍10分钟。用烧
烤针将圆椒、彩椒、三文鱼依次穿成串。

3 在烧烤架上刷适量食用油，将烤串放在烧烤
架上，用中火烤2分钟至变色。

4 翻面，刷上适量食用油、烧烤汁，用中火
续烤2分钟至变色，再翻面，刷上少量烧烤
汁，烤约1分钟至熟即可。

[Tips]

三文鱼肉可事先用柠檬汁腌渍，能很好地去腥。

五彩蔬菜串

一根竹签，穿起红绿黄，夹着小鲜肉，排排坐来
牵小手，可口美味不溜走。

份　　量：（3人份）　　　　　　　　　　　　　　　　烧烤时间：5分钟

[原料]

红、黄彩椒各180克，
洋葱40克

[调料]

食用油、盐、香草粉各
适量

[做法]

1 红黄彩椒、洋葱处理好，切成小块。

2 将红黄彩椒、洋葱交叉串在竹签上。

3 将蔬菜串放在烤架上，再均匀地刷上食用
油，烤制2分钟。

4 撒上盐、香草粉，再烤至入味即可。

[Tips]
蔬菜块切得大小一致，能更好地受热均匀。

烤胡萝卜马蹄

胡萝卜香甜，马蹄肉质洁白，味甜多汁，清脆可口。

份　　量：（2人份）　　　　　　　　　　　　　　烧烤时间：8分钟

[原料]

马蹄肉100克，胡萝卜片100克

[调料]

盐少许，烧烤粉5克，食用油适量

[做法]

1 将胡萝卜片、马蹄肉交错地穿到烧烤针上，备用。

2 穿好的烤串放在烧烤架上，两面均刷适量食用油，用中火烤3分钟至变色，翻面。

3 撒上适量盐、烧烤粉后翻面，撒上盐、烧烤粉，用中火烤3分钟至变色。

4 再刷上适量食用油，继续烤1分钟，最后装盘即可。

[Tips]

烤至胡萝卜变软即可取出，此时的胡萝卜口感最佳。

豆皮金针菇卷

金针菇的鲜脆，搭配豆皮的柔软，一
卷卷串起来的美味，有嚼劲！

份　　量：（2人份）

烧烤时间：8分钟

[原料]

豆皮50克，金针菇
100克，彩椒丝20克

[调料]

烧烤粉5克，孜然粉5
克，盐少许，食用油
适量

[做法]

1 豆皮切成长约10厘米、宽约3厘米的条；洗
净的金针菇切去根部，备用。

2 豆皮平铺在砧板上，在豆皮一端放入金针
菇、彩椒丝，慢慢卷起，并用竹签穿好，再
将剩余的豆皮、金针菇、彩椒丝依次穿好。

3 豆皮金针菇卷放在烧烤架上，均匀地刷上
适量食用油，小火烤3分钟，撒上适量烧烤
粉、盐、孜然粉，翻面，撒上适量烧烤粉、
盐、孜然粉，小火烤3分钟至上色，再翻
面，撒上烧烤粉，小火烤1分钟至熟即可。

[Tips]

金针菇一定要烤熟透再食用，否则易引起身体不适。

豆皮蔬菜卷

豆皮含有多种营养成分，具有补充钙质、保护心脏、开胃消食等功效。

份　　量：（1人份）

烧烤时间：5分钟

[原料]

豆皮30克，胡萝卜30克，韭菜、香菜各适量

[调料]

盐、辣椒粉、孜然粉各适量

[做法]

1 备好的豆皮修成长方片。

2 胡萝卜切成丝，洗净的香菜切成段，韭菜切成段，用豆皮将食材卷起，用竹签串成串固定好。

3 将豆皮串放在烤架上，均匀地刷上食用油，烤3分钟。

4 撒上盐、辣椒粉、孜然粉，烤至入味即可。

[Tips]

豆皮容易焦，烤制时要注意火候。

Part 5

主食烧烤，
元气味觉大满足

别以为烧烤只有烤肉或者
烤果蔬，其实主食也是可以用
来烧烤的。每次吃烧烤的时候
都会点上烤年糕、烤馒头片什
么的，趁着还热的时候吃，要
是凉了就会变硬咬不动了。外
面卖的，烤不好就会糊，还是
自己在家动手做的好吃，自己
掌握烤制的时间，外脆里软的
很美味。

鲑鱼烤饭团

米饭简直是食材界的百搭之神，加上鲜美的海鱼后，再加工，完美就这么简单。

份　　量：（2人份）

烧烤时间：5分钟

[原料]

鲑鱼150克，米饭
200克

[调料]

盐、黑胡椒、寿司
醋各少许，食用油
适量

[做法]

1 处理好的鲑鱼用厨房用纸吸去表面水分，两面撒上盐、黑胡椒，腌10分钟。

2 热锅注油烧热，放入鲑鱼，两面用中火各煎1分钟，盛出，用勺子压碎。

3 米饭内加入寿司醋，充分拌匀后加入鱼肉碎，搅拌均匀，再逐一捏成饭团。

4 烤架上刷上食用油，放上饭团，大火烤至金黄色，翻面，再刷一下食用油，续烤2分钟即可。

美味搭配

牛油果鲜虾沙拉：含丰富的不饱和脂肪，饱腹感强，健康减脂。

① ② ③ ④

烤味噌饭团

这是一款带有日式风味的饭团，在烧烤架上烤出
别样风味。

份　　量：（1人份）

烧烤时间：5分钟

[原料]

米饭150克

[调料]

味噌酱适量

[做法]

1 将米饭放凉，逐一捏制成饭团，大小适中。

2 饭团放在烤架上，涂抹上味噌酱，烤出米饭
的香味。

3 饭团翻面，再涂抹上味噌酱。

4 将两面烤出焦香即可。

美味
搭配

小白菜虾皮汤：早餐来一份味
噌饭团，喝一口蔬菜汤，简单
又不失营养。

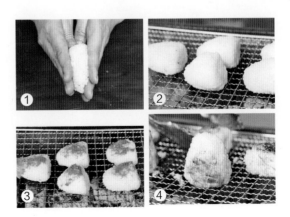

茄汁焗饭

茄汁、芝士、米饭的完美结合，营养又美味，在家轻松就能做！

份　　量：（2人份）

烧烤时间：10分钟

[原料]

西红柿200克，马苏里拉芝士80克，米饭120克，蒜末少许

[调料]

盐、食用油、芝麻油各少许

[做法]

1　西红柿上打上花刀，放入煮沸的水中略煮后捞出，撕去外皮，切成小块待用。

2　热锅注油烧热，倒入蒜末炒香后加入西红柿，翻炒均匀。

3　待西红柿煮至糊状，倒入米饭，翻炒至米饭松散，加入盐、芝麻油调味，再装入容器内，撒上芝士碎。

4　将容器放入预热好的烤箱内，上下火定为180℃烤制10分钟即可。

美味搭配

金橘柠檬茶：焗饭配口感酸甜可口的自制水果茶，让你回味无穷。

西红柿米饭盅

喜欢，是一种无法用言语来表达的感情，只知道
在吃下一嘴的西红柿饭之后，幸福满满。

份　　量：（3人份）　　　　　　　　　　烧烤时间：8分钟

[原料]

米饭80克，西红柿150
克，圆椒30克，去皮胡
萝卜40克，培根40克

[调料]

盐、黑胡椒粉各3克，
食用油适量

[做法]

1 圆椒、培根、胡萝卜均切丁；西红柿去蒂，
底部切去部分，掏空果肉，做成西红柿盅。

2 锅注油，下胡萝卜炒香，倒入培根、圆椒、
米饭，炒匀，加盐、黑胡椒粉，炒入味。

3 将炒好的米饭放入西红柿盅里面，待用。

4 摆好一个烤盘，将西红柿盅摆放在烤盘上，
放入烤箱，将上下火温度设置为180℃，时
间设置为8分钟即可。

[Tips]
选择质地较硬的西红柿，这样烤制后不易变形。

黄油烤馒头片

黄油的烤制，使朴素的馒头焕然一新，美味大
逆袭。

份　　量：（1人份）　　　　　　　　　　　　烧烤时间：4分钟

[原料]

白馒头150克

[调料]

熔化的黄油15克

[做法]

1 将白馒头切成片，备用。

2 在烧烤架上刷适量黄油，将切好的馒头片放
在烧烤架上，用小火烤3分钟至上色。

3 翻面，再均匀地刷上适量黄油，用小火烤1
分钟。

4 将烤好的馒头片装入盘中即可。

[Tips]

如果喜欢焦脆的味道，可以多烤一会儿。

锡纸小龙虾意粉

爽滑的意粉，鲜香有嚼劲，还带着酸甜味的龙虾肉，想想就够美味的了，偶尔体会下异国情调也是醉醉的！

份　　量：（3人份）
烧烤时间：5分钟

[原料]

小龙虾400克，意式通心粉130克，生姜、蒜末、法香碎各少许

[调料]

盐、白葡萄酒、食用油、黑胡椒各适量

[做法]

1 锅中注水烧开，放盐、食用油，倒入通心粉，煮5分钟捞出后过一道冷水，待用。

2 洗净的小龙虾取壳，倒入爆香蒜末的油锅中，翻炒匀，加入生姜、白葡萄酒，煮开后转小火煮10分钟，析出虾壳的味道。

3 加入盐、黑胡椒，翻炒调味，滤去虾壳，将虾仁放入锡纸盒内，倒入意粉，浇上虾壳汁，将纸盒封实。

4 把意粉放在烤架上，烤制4分钟后取出，撒上法香碎即可。

美味搭配

白兰地：豪华却不复杂的意粉，搭配醇香的白兰地，瞬间高大上。

海鲜芝士焗面

简单的意面搭配鲜美的海鲜，经简单烹制后，盖上一层
芝士再烘烤，鲜香浓郁，分分钟满足你的胃！

份　　量：（2人份）
烧烤时间：10分钟

[原料]

鱿鱼60克，虾仁30
克，细意面80克，芦
笋40克，马苏里拉芝
士50克，蒜末、白葡
萄酒各适量

[调料]

盐、橄榄油各适量

[做法]

1 芦笋斜刀切成段；处理好的鱿鱼打上麦穗花
刀，切成小块。

2 锅中注水烧开，倒入鱿鱼、虾仁，汆煮片
刻，捞出过凉水，再倒入芦笋，汆烫后捞
出。另起锅注水烧开，放入少许盐，下入意
面，煮熟。

3 热锅注油烧热，入蒜末炒香，放入鱿鱼、虾
仁、芦笋，炒匀，加白葡萄酒，翻炒去除酒
精的苦味，加盐，炒匀调味，再放入煮软的
意面，充分翻炒匀。

4 盛出装入容器内，撒上芝士碎，放入预热好
的烤箱内，上下火以180℃烤10分钟。

美味
搭配

蔓越莓红茶：酸甜口感，
解腻。

脆皮烤年糕

前人有诗称年糕："年糕寓意稍云深，白色如银黄色金。年岁盼高时时利，虔诚默祝望财临。"

份　　量：（1人份）

烧烤时间：15分钟

[原料]

年糕50克，馄饨皮50克，蛋黄2个，白芝麻10克

[调料]

食用油适量

[做法]

1 蛋黄中注入少许清水，制成蛋黄液。

2 将年糕放入馄饨皮中，卷起来，再抹上适量蛋黄液，将接口粘紧。

3 将蛋黄液涂抹在年糕上，撒上白芝麻。

4 烤架上铺上锡纸，刷上食用油，放入年糕，放入烤箱烤15分钟即可。

[Tips]

裹上蛋液的年糕外皮比较容易烤焦，所以要时刻关注年糕在烤架上的变化。

年糕香肠

白的年糕，红的香肠，烤、烤、烤，香辣滋味让人食欲大增！

份　　量：（3人份）

烧烤时间：8分钟

[原料]

年糕100克，香肠3根

[调料]

烧烤粉5克，辣椒粉5克，盐、食用油各适量

[做法]

1 将洗净的年糕切成3厘米长的小片；把香肠两端切去，再切成3厘米长的段装碗中。

2 取一支竹签，将年糕、香肠依次穿成串。

3 在烧烤架上刷上适量食用油，将烤串放在烧烤架上，刷上适量食用油，用小火烤3分钟至上色，再刷上适量食用油，撒入适量烧烤粉、盐、辣椒粉。

4 翻面，同样撒入适量烧烤粉、盐、辣椒粉，用小火烤3分钟至上色，再翻面，用小火续烤1分钟至熟即可装盘。

[Tips]

年糕与香肠也可以切成小片，这样更易熟透。

151

香草黄油法包

浪漫的香草味在晨曦中弥漫开来，阳台上的蔷薇花也忍不住嗅了又嗅，随风摇摆。

份　　量：（1人份）

烧烤时间：10分钟

[原料]

法国面包片150克，干莳萝草片2克，蒜蓉5克

[调料]

盐2克，熔化的黄油40克

[做法]

1 将盐、蒜蓉、莳萝草片放入熔化的黄油中，拌匀，待用。

2 把拌匀的调料均匀地抹在面包片上。

3 将面包片放在垫有锡纸的烤盘上，放入烤箱，以上火230℃、下火200℃烤10分钟。

4 将烤好的面包片装入盘中即可。

[Tips]

若喜欢香脆的口感，可多烤一会儿。

香烤奶酪三明治

打破了三明治做法都很简单的常规思维，当烤箱把奶酪融化，芳香四溢的奶味自然告诉你，它的特别。

份　　量：（1人份）

烧烤时间：5分钟

[原料]

奶酪1片，吐司2片

[调料]

黄奶油适量

[做法]

1 取1片吐司，均匀涂抹上黄奶油，再放上奶酪片。

2 再抹上少许黄油，盖上1片吐司，三明治制成，用锡纸包裹起来。

3 将三明治放在烤盘上，放入烤箱，以上、下火170℃烤5分钟至熟。

4 将烤好的三明治切成两个长方状，将两个长方状三明治叠加一起，将叠好的三明治装盘即可。

[Tips]

吐司中还可以加一些黄瓜丝、番茄粒搭配着吃，味道会比较清爽。

烤吐司

吐司就是那么简简单单，只要放入烤箱烤一烤，
或者再加上一个香喷喷的煎蛋，就给你惊喜！

份　　量：（1人份）　　　　　　　　　　　　烧烤时间：15分钟

[原料]

全麦吐司2片

[调料]

黄奶油适量

[做法]

1 取1片吐司，均匀地抹上一层黄奶油，盖上
   另1片吐司。

2 把吐司放到烤盘上。

3 放入烤箱中，以上、下火190℃烤15分钟。

4 待稍微凉一些，取出烤好的奶油吐司，装盘
   即可。

[Tips]

可以根据个人喜好，选用其他酱料涂抹在吐司片上。

水果面包丁

该怎么形容，这被麦香缠绕的水果，在烤架上相拥的甜蜜。

份　　量：（2人份）　　　　　　　　　　烧烤时间：5分钟

[原料]

去皮菠萝肉、葡萄、芒果、西瓜各50克，吐司面包、黄奶油各适量

[调料]

苹果醋100毫升，果酱适量

[做法]

1 芒果、西瓜去皮，与菠萝肉、吐司面包一起切成丁，再将葡萄去皮。

2 葡萄、菠萝丁、芒果丁、西瓜丁一起用苹果醋浸泡，腌渍5分钟，用竹签将它们与面包丁穿成串。

3 锡纸上放入黄奶油，放入水果面包串，在烤架上烤5分钟至熟。

4 果酱涂在盘中衬底，摆上烤好的水果面包串即可。

[Tips]

切好的菠萝用淡盐水浸泡一下，味道会更好。

法式吐司咸布丁

吐司吃多了仿佛有些单调，这时候就是法式吐司咸布丁展现金色光环的机会了，一起来让逐渐失去活力的吐司重拾青春吧！

份　　量：（2人份）

烧烤时间：15分钟

[原料]

吐司150克，鸡蛋60克，牛奶100毫升，黄油适量

[调料]

盐、白砂糖各适量

[做法]

1 吐司修去四边，切成小块。

2 鸡蛋打入碗中，倒入牛奶，搅拌均匀后加入盐、白砂糖，拌匀制成蛋奶。

3 模具内均匀地抹上黄油，放入吐司块，再浇上蛋奶，静置半小时，使蛋液完全被吸收。

4 将模具放入预热好的烤箱内，以上下火170℃烤15分钟即可。

美味
搭配

草莓汁：搭配此款果汁，颜值口感并重，完美。

麻酱烧饼

饼中的美味，需要用爱、用心去构建，这样烤出来
的烧饼才会在本身的味道上更增添一丝温度。

份　　量：（4人份）

烧烤时间：20分钟

[原料]

中筋面粉300克，酵
母12克，熟芝麻150
克，麻酱110克

[调料]

盐8克，蜂蜜10克，
花椒粉10克，五香粉
3克

[做法]

1 酵母、面粉倒入碗中，加入水混合匀，揉成
面团，静置发酵成两倍大。麻酱里倒入盐、
花椒粉、五香粉，混合均匀备用。

2 将面团分割成4个面团，取其中1个，擀成
薄饼。

3 均匀涂抹上麻酱，从一头卷起来，切成一块
一块的，再将两头封口，往下按扁，擀成小
圆饼。

4 蜂蜜和水调和均匀，刷在饼上，芝麻倒在盘
里，均匀地蘸上一层，放入烤盘，放入预热
好的烤箱内，以180℃烤20分钟即成。

美味
搭配

羊肉汤：烧饼饼脆酱香，汤味
道道鲜美，咬一大口饼再喝一口
汤，实在过瘾！

菠萝鲜虾比萨

无论多豪华的筵席，有一块烤比萨，就能让你的胃满足。

份　　量：（2人份）

烧烤时间：15分钟

[原料]

高筋面粉150克，酵母9克，菠萝200克，虾仁40克，马苏里拉芝士70克，西柚果酱少许

[调料]

盐2克

[做法]

1 将盐倒入面粉内，酵母倒入80毫升温水内拌匀后加入面粉内，充分混合匀，揉制成面团后装入碗中，盖上保鲜膜静置40分钟，发酵成2倍大。菠萝处理干净，切成小块。

2 案台撒上少许面粉，放入面团，将发酵好的面团擀制成饼皮，涂抹上西柚果酱，均匀地摆放上菠萝、虾仁，再撒上芝士碎。

3 将比萨放入预热好的烤箱内，以上下火180℃烤制15分钟即可。

[Tips]

高筋面粉比较吸水，所以面团不宜做得太干，以免影响发酵。